"阳光与少年"启蒙教育丛书

新弟子规

高占祥 著

中国人民大学出版社
·北京·

图书在版编目（CIP）数据

新弟子规 / 高占祥著 . — 2 版 . — 北京：中国人民大学出版社，2014.5
（"阳光与少年"启蒙教育丛书）
ISBN 978-7-300-19302-1

Ⅰ. ①新… Ⅱ. ①高… Ⅲ. ①道德修养 – 少年读物 Ⅳ. ① B825–49

中国版本图书馆 CIP 数据核字（2014）第 097405 号

"阳光与少年"启蒙教育丛书
新弟子规
高占祥　著
Xin Diziguï

出版发行	中国人民大学出版社			
社　　址	北京中关村大街 31 号	邮政编码	100080	
电　　话	010-62511242（总编室）	010-62511770（质管部）		
	010-82501766（邮购部）	010-62514148（门市部）		
	010-62515195（发行公司）	010-62515275（盗版举报）		
网　　址	http://www.crup.com.cn			
	http://www.ttrnet.com（人大教研网）			
经　　销	新华书店			
印　　刷	北京易丰印捷科技股份有限公司			
规　　格	180 mm × 210 mm　16 开本	版　　次	2012 年 9 月第 1 版	
			2014 年 5 月第 2 版	
印　　张	12.25	印　　次	2016 年 3 月第 3 次印刷	
字　　数	85 000	定　　价	28.00 元	

版权所有　　侵权必究　　印装差错　　负责调换

出版说明

中华民族有着悠久的优秀文化传统，这一文化传统对于中华民族的成长壮大，对于推动中国社会的发展，都起着极为重要的作用，是中华民族生生不息、发展壮大的内在思想源泉。中华文明绵延数千年而不衰，原因固然很多，但其中一个很重要的原因，就是我们有着共同的、优秀的文化传统。它具有强大的民族凝聚力，只要是华夏儿女，无论是生活在祖国的大地上，还是远离祖国，都忘不了这种传统，它像我们祖先的血液一样，流淌在我们每一个中国人的血管中，振奋着我们的民族精神，激荡着我们的民族情怀。

在数千年的历史积淀中，中华传统文化形成了博大精深的思想体系，它包含着：心忧天下、天下为公的公义思想；天下兴亡、匹夫有责的家国情怀；崇德弘毅、厚德载物的人文取向；仁爱共济、立己达人的博大胸怀；正心笃志、宁静致远的人格追求；以及以爱国主义为核心的团结统一、爱好和平、勤劳勇敢、自强不息的民族精神……中华优秀传统文化的生命光辉，展示了宽广的包容之力、厚重的承载之力和连绵不绝的新生之力。这样一种文化价值体系，在别的国家是很少见的。这些中华传统文化的特殊标志，也是整个人类文明孜孜以求的理想梦园。

今天，提倡大力弘扬中华传统文化有着十分重要的现实意义：

首先，社会的现代化带来了价值观念的冲突。作为意识形态的价值思想体系是生产关系的集中反映，新的生产关系的建立必然要伴随新的价值思想体系的建立。但是，新价值思想体系的建立不是凭空臆造的，而是在对原有价值思想体系的批判继承中发展起来的。今天，我们提倡弘扬中华传统优秀文化就是要把中华传统价值思想体系中的精华发扬光大，把它和社会主义现代化结合起来。弘扬中华传统美德、承载中华文化底蕴的现代化才是有中国特色的现代化。

其次，西方文化特别是西方价值观对中国社会仍然有着巨大的冲击。对于西方文化，我们不应盲目崇拜，而应加以区分和选择，西方文化中深厚的人文思想、开放意识和进取精神等都是值得我们认真学习和借鉴的，但对于那些反映西方资本主义核心价值的文化理念和文化思潮，我们则要清醒地辨别和剔除，保护我们的下一代健康成长。

再次，当前青少年道德教育的现状迫切需要加强中华传统美德的教育。由于很长一段时间我们认知上的偏差，把中华传统文化都视为封建糟粕，缺少了对于中华传统美德的教育。今天我们倡导中华民族的伟大复兴，首先就是要加强对中华传统美德的教育，让青少年懂得几千年来中华民族坚守的孝、悌、忠、信、礼、义、廉、耻等基本价值，学习古圣先贤的道德追求和人生境界，树立正确的价值观和人生观，为中华民族的伟大复兴努力奋斗。

　　俗语云："教儿婴孩，教妇初来"。儿童天性纯真，善言易入，先入为主，长成之后即不易改变，所以人的善心、信心，须在其幼小时加以培育和长养。在孩童时代，即应教以诵读经典，既培养其智慧和定力，更晓以伦理道德。我们古代的思想家、教育家很懂得这个道理，他们编写的儿童蒙学读物《三字经》、《弟子规》、《千字文》等，一方面让儿童识字学知识，另一方面让儿童把传统美德铭记在心，身体力行，从小养成习惯，古往今来的贤人名士都是自小在这样的启蒙熏陶下砥砺成长起来的。

　　高占祥同志长期从事青年工作和文化管理工作，一直热切关注广大学生教育工作。他认为：少年儿童的启蒙教育是国家未来所有事业的根基。所以在离开领导工作岗位之后，他将主要精力都投入到儿童和青少年教育事业上。"'阳光与少年'启蒙教育丛书"就是高占祥同志经过多年苦心创作，为少年儿童朋友们送上的一份满载着爱心和厚望的礼物。

　　这套"'阳光与少年'启蒙教育丛书"的主要特点有四：

　　一是建基于传统蒙学经典之上，吸取了传统蒙学经典中的精华，以合辙押韵、易读上口的诗文形式将传统美德、经典价值向广大儿童和青少年朋友娓娓道来。

　　二是融入了鲜明的时代精神，以现代元素升华传统文化，用时代精神弘扬传统美德，将可读性与可行性结合起来，使之更符合时代的特点。

三是将中国传统伦理道德与西方教育理念结合起来，加以融会贯通，使传统文化与现代生活世界的联系、与现代经济社会的融合更为紧密。

四是紧扣这套丛书的创作主旨——"弘扬传统美德，培育阳光少年"，向广大少年儿童传递正能量，以培养少年儿童天真活泼的个性、乐观积极的态度、健康向上的志趣、昂扬振奋的精神，使之从小就树立起担当意识，积极参与社会创造，努力做到"赞天地之化育而与天地参"。

这套丛书的五本启蒙读物中，《新弟子规》、《新小儿语》主要面向四到六岁的儿童；《新三字经》主要针对六到十岁的儿童；《警世贤文》、《处世歌诀》重在人生感悟，主要面向青少年。这五本书中，有四本之前曾经分别出版，这次集结为一套"'阳光与少年'启蒙教育丛书"，内容和注解都作了适当修订，比之前更为完善。

少年强则中国强，少年智则中国智。儿童和青少年的素质，决定了一个民族的明天与未来，少时培养的道德理想，是人生成就和幸福的关键。《论语》有云："士不可以不弘毅，任重而道远。仁以为己任，不亦重乎？死而后已，不亦远乎？"古往今来，凡是对人类发展作出杰出贡献的人，无不具有坚定的理想信念，而且大都立志于少年时期，追求于毕生之中。周恩来在中学时即发出"为中华之崛起而读书"的自我激励。所以少年儿童，从小就应树立弘大的志向。

我们希望借这套丛书,将中国优秀传统文化的精神和内涵传递给广大儿童和青少年朋友,让我们从修养自身的道德开始,"读书志在圣贤",不断完善自我,做一个懂孝悌、明道义、知廉耻的人,最终成为对家庭、对社会、对民族、对人类有价值的人,成为实现中华民族伟大复兴的中国梦的生力军。

目录

新弟子规

诵读篇 / 1

注释篇 / 15

附录 / 153

后记 / 179

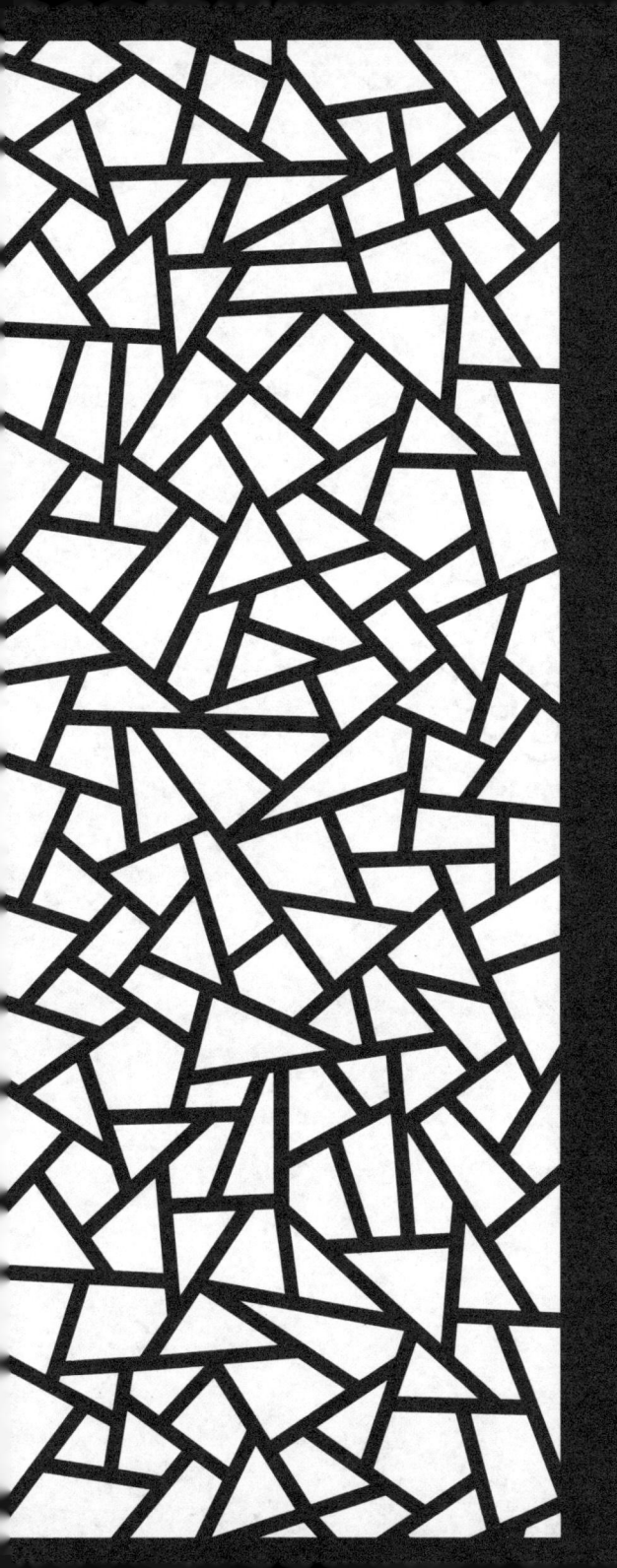

诵读篇

新弟子规

总　叙

日有光，月有辉，做弟子，有道规。1
欲有为，慎勿违，知荣辱，辨是非。2
孝而仁，礼而美，诚而通，谨而锐。3
宽而和，谦而贵，学而明，勤而慧。4

一、孝而仁

人之善，孝为先，不孝者，必不贤。5
孝之行，起于微，事虽小，不待催。6
端茶水，扫厅堂，行有律，出有方。7
惜光阴，不荒废，父母心，乃安慰。8
父母贫，莫嫌弃，父母达，莫骄气。9
父母唤，应回音，温而和，柔而馨。10

父母训，仔细听，思己过，谦而恭。11
父母错，谏而敬，释以道，勿盲从。12
父母病，速就医，常伺候，细护理。13
父母老，益赡养，孝一次，胜千香。14
常尽孝，心则仁，扶危难，济孤贫。15
孝与敬，子道根，好传统，因果循。16

二、礼而美

人之貌，乃天生，人之美，在心灵。17
见师长，莫呼名，桃李艳，师生情。18
对长辈，用敬语，要称您，勿称你。19
入人室，先敲门，未得允，足不伸。20
邻里和，有义方，遇急事，互相帮。21
与人言，休四顾，与人行，频让路。22
与人约，及时赴，有佳肴，慢下箸。23

赠物时，伴问候，受礼时，宜双手。24

有所求，当明告，感其恩，当相报。25

有所失，应道歉，记于心，免再犯。26

淫不观，秽不取，食不言，寝不语。27

仪容洁，衣冠正，洗漱罢，对明镜。28

劝人时，宜婉转，虽戏言，不揭短。29

行时正，坐时端，腿不颤，背不弯。30

当人面，勿闲卧，乘车船，应让座。31

拱手礼，拳相抱，身微倾，面带笑。32

招手礼，臂高举，手相挥，示情意。33

握手礼，传友谊，目相望，勿斜睨。34

鞠躬礼，表敬意，背向天，面朝地。35

拜尊亲，可下跪，终不能，拜权贵。36

扬个性，不逾矩，遵礼仪，不拘泥。37

美少年，花初绽，融今古，追圣贤。38

三、诚而通

云万里，不如晴，计百出，不如诚。39
心不诚，难成事，言不诚，难立世。40
他人求，勿轻应，如许诺，必践行。41
欠人钱，及时还，身负债，心不安。42
坑与骗，福根断，诚与信，幸福源。43
诚待人，信交友，不欺童，不骗叟。44
讲实话，验不倒，说假话，怕追考。45
向人处，少逢迎，如称赞，必真情。46
背人时，语不贬，评论之，如当面。47
言既出，行即随，虽有难，不轻移。48
诚无诟，信无非，己不语，口似碑。49
守诚信，遂从容，逢危急，可变通。50

四、谨而锐

黄赌毒，是三害，不得沾，沾必败。51

烟和酒，到处有，少年郎，莫入口。52

爱蓝天，护绿地，抛垃圾，休随意。53

晨起床，即叠被，将入眠，思无秽。54

餐之前，便之后，讲卫生，必净手。55

房中物，莫乱丢，何处取，归何处。56

游于艺，增智商，溺于嬉，万事荒。57

处安乐，思艰难，虽得意，莫尽欢。58

四海内，皆兄弟，切莫染，江湖气。59

有争辩，亦良言，言不合，休拔拳。60

遇邪恶，必抗争，智与勇，灭其凶。61

谨于言，善思维，慎于行，乃强锐。62

五、宽而和

海之量，纳百川，君子量，比海宽。63
轻得失，处泰然，莫笑我，受欺瞒。64
夺人利，片刻欢，与人利，百年安。65
争一步，惹事端，让一步，息波澜。66
不平事，虽可恼，记心中，唯自扰。67
我之心，人难晓，人之嘲，我一笑。68
人怨我，我忍之，孰之过，请三思。69
人斥我，我聆之，如有益，即我师。70
人辱我，我怜之，彼无德，谅无知。71
人诬我，我辩之，辩不得，待他时。72
亲友间，宜宽容，风雨后，见彩虹。73
心有恨，易成邪，心有爱，利和谐。74

六、谦而贵

人之贵，在于谦，能谦让，则安恬。75

见人长，思己短，己有长，休自满。76

遇前辈，多尊重，彼有瑕，莫嘲弄。77

遇幼童，不相争，彼潜力，未可衡。78

胜我者，我心知，无长少，皆为师。79

逊我者，莫相嗤，携其手，共进之。80

马擅走，鲸擅游，论攀援，不如猴。81

兽中王，狮与虎，若钻洞，不如鼠。82

世间路，千万条，远则近，近则遥。83

世间学，千万科，少则得，多则惑。84

满招损，谦受益，此箴言，须常忆。85

不自卑，乃自立，不自负，乃成器。86

七、学而明

河不畅，水不清，人不学，心不明。87
学求博，更求精，习六艺，专一经。88
文史哲，识时务，数理化，拓思路。89
欲飞奔，先举步，欲知新，先温故。90
见其辞，探其妙，知其繁，识其要。91
书艺道，不可抛，字练好，手中宝。92
学无穷，知无境，读万卷，理自通。93
阅良书，若圣水，润心田，灵魂美。94
读坏书，遇魔鬼，入歧途，易自毁。95
上书山，勤为径，企不立，跨不行。96
潜心学，去浮躁，深思考，成功道。97
善师古，必创新，能入世，乃出群。98

八、勤而慧

春之计，在耕耘，毁于惰，成于勤。99
惰则迟，迟则昧，勤则敏，敏则慧。100
我之身，如刀口，久不磨，必生锈。101
我之脑，如山道，久不通，皆荒草。102
能徒步，莫乘车，厚勤俭，薄华奢。103
少求人，多动手，室无尘，衣无垢。104
汉陈蕃，不扫屋，气虽豪，终受辱。105
晋陶侃，闲运砖，遂有力，破重关。106
要成才，靠苦攻，小懒虫，难成龙。107
今日事，今日了，欲成功，须趁早。108
明日事，今日备，见崎岖，不后退。109
家国事，在心头，丰羽日，任遨游。110

总　结

弟子规，德为基，善必从，恶必疾。111

依于仁，守于义，践于行，崇于立。112

视他人，如己身，己不欲，勿施人。113

视己身，如他人，忘小我，识大伦。114

视己身，唯己身，能自律，乃自尊。115

视他人，唯他人，远其利，近其仁。116

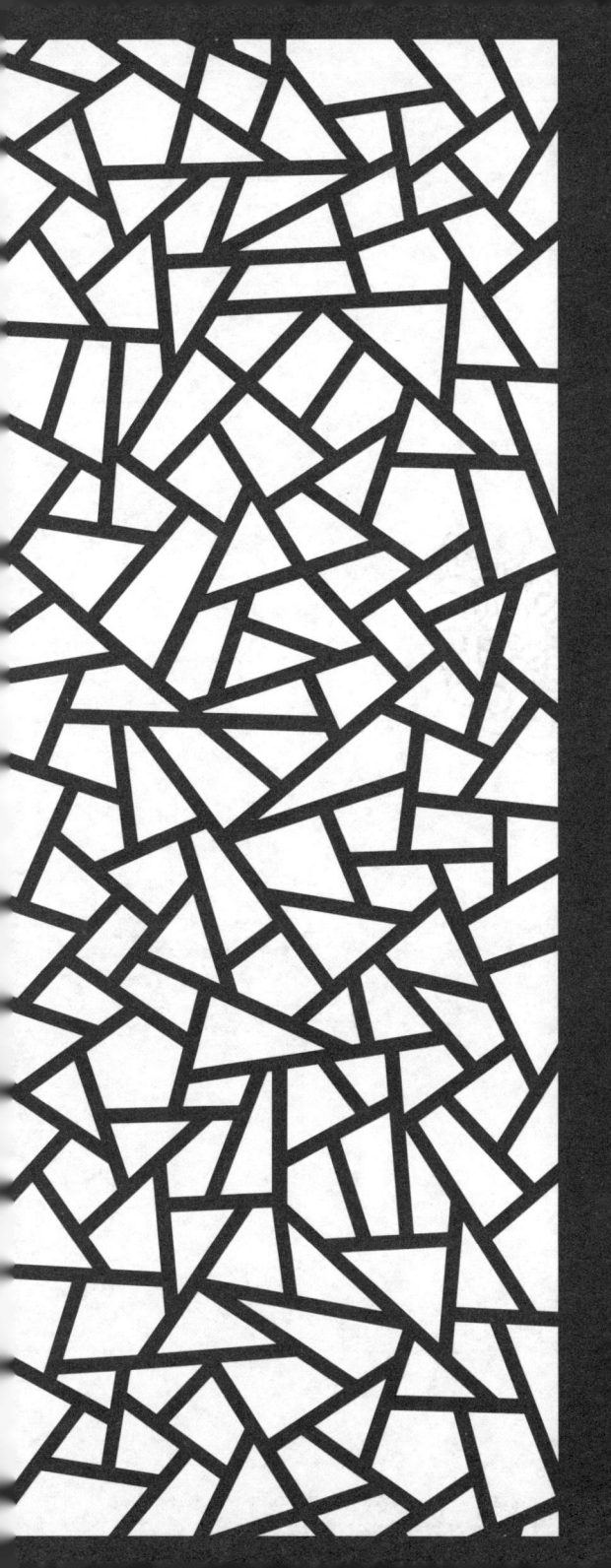

注释篇

1. 日有光，月有辉，做弟子，有道规。

【注释】

日有光，月有辉：喻指道德规范就像太阳、月亮的光辉一样重要。
弟子：古代泛指为人弟与为人子的人，今天泛指青少年和学生。
道规：做弟子应该遵守的道德与规矩。

【易解】

社会道德、礼仪就像太阳、月亮的光辉那样重要，没有它，人间就会暗淡无光。中国自古以来就是文明礼仪之邦，弟子应遵循一定的礼仪规范，从现在做起，从身边小事做起，为文明礼仪之邦增光添彩。

"沐身浴德"这个词，是根据"澡身浴德"这一成语衍用过来的，我把它写入了《处世歌诀》。《礼记·儒行》中说："儒有澡身而浴德。"后人解释这句话时说："澡身，谓能澡洁其身不染浊也；浴德，谓沐浴于德，以德自清也。"简言之，沐身，就是修身；浴德，就是立德。

修身立德是做人的根本。

我们中华民族是一个重德、浴德、尊德、敬德的民族。早在商代卜辞中就有了"德"字。在《易·乾》中就提出了"君子进德修业"的做人标准。

——高占祥《人生宝典丛书——修德养身》

2. 欲有为，慎勿违，知荣辱，辨是非。

【注释】

欲：想要，希望。

有为：有所作为，指做出成绩。

慎：小心，谨慎。

勿：副词，表示禁止或劝阻，相当于"不要"。

违：不遵照，不依从。

荣辱：荣誉和耻辱。

是非：正确或错误。

【易解】

弟子要想有所作为，做人、行事都要谦虚谨慎，不得做违法违规的事情。要把道德实践作为自己的自觉行动，知道荣与辱，明辨是与非。

一个想成就一番事业的人，任何时候都应既能严于律己，又善于激励自己。严己，是成才成功的秘诀；励己，是成才支柱。

——高占祥《人生漫步》

3. 孝而仁，礼而美，诚而通，谨而锐。

【注释】

孝：中国古老的文明礼仪传统之一，被视为做人必备的品格。"孝"的内涵颇为丰富，一般指对父母的孝敬、赡养、侍奉以及在父母死后奔丧、守灵。《尔雅》说："善事父母曰孝。"《孝经》说："夫孝，天之经也，地之义也，民之行也。"孝文化源远流长，底蕴深厚。早在公元前11世纪的甲骨文中，便出现了"孝"字。狭义的"孝"是指孝敬父母；广义的"孝"是指为天地尽孝。古人以乾为父，以坤为母，乾坤象征天地、阴阳。也就是说，古人以高天为父，以大地为母，伦理上要求每个人都要尊敬天、地、君、亲、师。由此推己及人，与人为善，就会使整个社会的爱老、敬老蔚然成风。

仁：儒家文化的核心价值观，就是仁爱。而"孝"自孔子始，便被视为"仁之本"。

礼：社会生活中由风俗习惯形成的，为大家所共同遵守的规范和仪式，以及表示尊敬的语言和动作。古代的礼仪有很多，《礼记·中庸》中说："礼仪三百，威仪三千。"我国有"礼仪之邦"的美誉。

诚：一个人的实际言行与内心想法一致的崇高品德，是心灵美的重要标志。"诚"字是先秦儒家提出的一个重要的伦理学和哲学概念，成为我国传统文化中一个闪烁着思想光辉的词汇。

通：没有堵塞，运行无阻，亦含有通融、变通之意。

谨：谨慎，小心，郑重。

锐：尖而快，形容勇往直前、锐意进取的气势。

【易解】

孝敬父母是仁爱之本，礼貌礼仪是做人之美。做人要诚实，在人生道路上方可畅通无阻；行事要谨慎，在社会上方可勇往直前。

4. 宽而和，谦而贵，学而明，勤而慧。

【注释】

宽：宽厚，宽容。

和：平和，人与人之间相处融洽友爱，不争吵，不争斗。《论语·学而》说："礼之用，和为贵。"

谦：不自满，不自高自大，虚怀若谷。

贵：价值高，值得受到别人的尊敬和重视。

学：学习。学习知识、伦理道德和怎样为人处世，就会变得聪明而理性。

慧：辨析判断和发明创造的能力。

【易解】

宽以待人，大家才能和平友爱相处；谦虚谨慎，自会获得别人的尊重；善于学习，就会明辨道理是非；勤奋努力，才能使自己越来越聪明智慧。

明月有缺也有圆，
人人都有长与短。
善取人长补己短，
学识如海智如山。

——高占祥《人生歌谣》

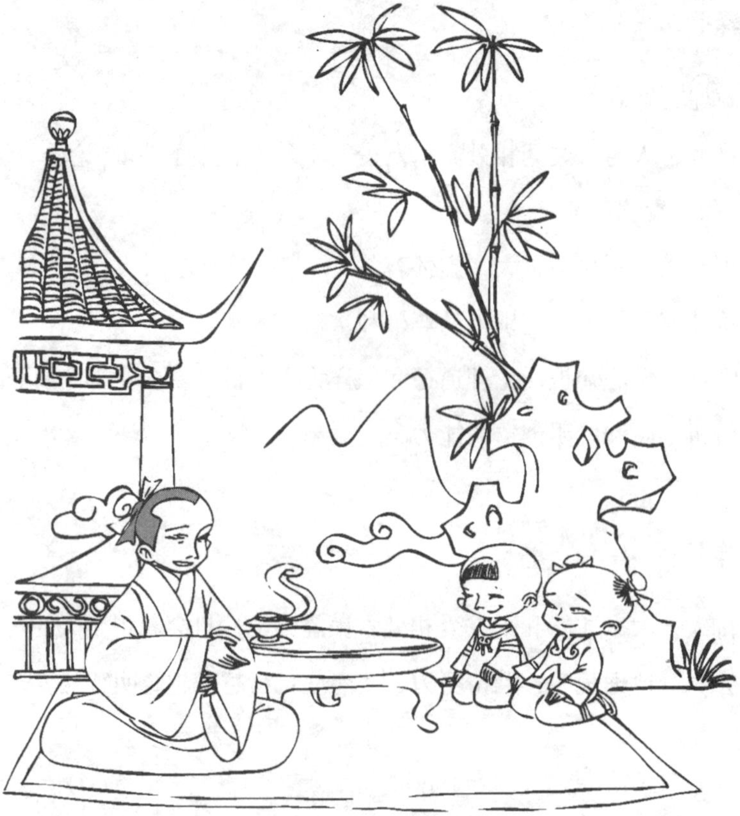

5. 人之善，孝为先，不孝者，必不贤。

【注释】

善：善良，心地纯洁，没有恶意。

不贤：不贤明、不贤德。一个不孝之子，连起码的人伦都不顾了，因此绝不可能成为一个贤德之人。

【易解】

古人云：百善孝为先。做人，孝敬父母需摆在第一位。我们大多数人是在父母的悉心关怀、辛勤哺育下茁壮成长的，如果连孝敬父母都做不到，那他(她)一定不是贤德之人。

父母对儿女的恩情，是无比深厚的；父母对儿女的恩情，又是无私的；父母对儿女的恩情，更是伟大的。父母对儿女的恩情，这样深厚，这样无私，这样伟大，那么，孝顺父母，尊敬父母，尊敬长辈，就是每一个人做人的起码道德了。

——高占祥《人生漫步》

6.孝之行，起于微，事虽小，不待催。

【注释】

行：行动，行为，作为。

起于微：《韩非子·说林上》中有"圣人见微以知萌，见端以知末"的说法，即孝敬父母和长辈要从日常小事做起，从一点一滴做起。

催：叫人赶快行动。

【易解】

孝是维系亲情的纽带、道义传承的根基。孝敬父母，要从小处做起，深厚的感情应发自内心，要做到无微不至，无须督促。

水流奔大海，
叶落忆深根。
游子千山外，
难忘父母恩。

——高占祥《禅外谣》

7. 端茶水，扫厅堂，行有律，出有方。

【注释】

律：规则，原则。
方：方向，定位。

【易解】

孝敬父母不能仅仅停留在嘴上，要身体力行，帮助父母做事。比如，为父母端茶倒水，帮助父母打扫卫生等。行动做事要有自己的原则，不该做的事坚决不做。出门离家应告知父母自己的去向。

敬爱父母，应该做到"敬"和"爱"，使老人在精神上得到宽慰。敬爱父母，还应该表现在对父母无微不至的关心、体贴上。

——高占祥《人生漫步》

8. 惜光阴，不荒废，父母心，乃安慰。

【易解】

为人弟子要珍惜光阴，不要浪费时间。光阴荏苒，时间不等人，切勿"白了少年头，空悲切"。所以，年轻时就要努力学习，勤奋上进，这也是对父母最大的报答和安慰。

> 五月榴花散绿荫，
> 恋夏爱秋不忘春。
> 晶莹百子开口笑，
> 一笑当酬养育恩。
>
> ——高占祥《人生歌谣》

9. 父母贫，莫嫌弃，父母达，莫骄气。

【注释】

贫：穷困，贫苦，家境不富裕，甚至生活很艰难。
嫌：厌恶，嫌弃，不满意。
弃：抛弃，遗弃。
达：发达，显达，成为达官贵人。

【易解】

为人不能有势利眼，不能"看人下菜碟"。有些子女因为自己的父母贫穷，想做"啃老族"而又啃不成时，就怨恨、嫌弃自己的父母没本事赚大钱，甚至冷落、遗弃年老贫穷的父母，这样做便是人性的沦丧。与之相反，有一些"富二代"、"官二代"、"星二代"往往因为自己父母位高权重、声名显赫、腰缠万贯便看不起他人，甚至骄横无礼，傲慢待人，这是一种缺乏思想道德修养的表现。做人要有一颗平常心，无论父母贫困还是富有，都要善待和孝敬父母。

10. 父母唤，应回音，温而和，柔而馨。

【易解】

父母呼唤子女时，子女应及时回应，态度要平和，不能对父母发脾气，对父母要温柔体贴，让父母感到亲情的温馨。

对老人，忌无礼，
凡出言，用敬语。
对父母，尽孝意，
听教诲，勿反讥。

——高占祥《人生歌谣》

11. 父母训，仔细听，思己过，谦而恭。

【注释】

训：教导、训诫。

【易解】

父母训导时，子女要认真专注地听，同时应该反思自己的过错，态度宜谦虚恭敬。

> 爱里藏诗意，
> 严里寓深情。
> 家风育桃李，
> 庭训出精英。
>
> ——高占祥《人生歌谣》

12. 父母错，谏而敬，释以道，勿盲从。

【注释】

谏：规劝、劝诫尊长认识和改正过错。

释：解释，说明，讲道理。

盲从：不问是非地附和或跟从、追随他人。

【易解】

父母如果有错，子女应当规劝他们认识和改正过错，心平气和地进行沟通解释。对父母亲给出的错误的意见和指示，子女不能盲目顺从，而应该耐心地同他们讲道理。

人类社会是一代一代延续相传下来的。每一代的活动，都与前一代人相承相关。没有上一代对下一代的抚养教育，人类社会的延续就会中断；没有前一代人的努力奋斗，就没有后一代人的幸福。今天的老年人，辛勤劳动了一生，为社会的发展作出了宝贵贡献，因此，我们"养亲必敬"，不仅是对父母养育之恩的报偿，也是对人类历史的尊重，对前人劳动的尊重。

——高占祥《人生漫步》

13. 父母病，速就医，常伺候，细护理。

【易解】

父母有了病，应该赶快送医院或请医生为父母诊治。子女尽量多陪伴在父母身旁，细心照料、护理。

养亲必敬，能使父母感受到儿女们尊敬他们、爱戴他们的真心诚意，感受到儿女们时刻将他们记挂在心的一片亲情，感受到家庭的温暖和老年生活的幸福。在这样的家庭生活氛围中，父母能不心情舒畅、笑口常开吗？

——高占祥《人生漫步》

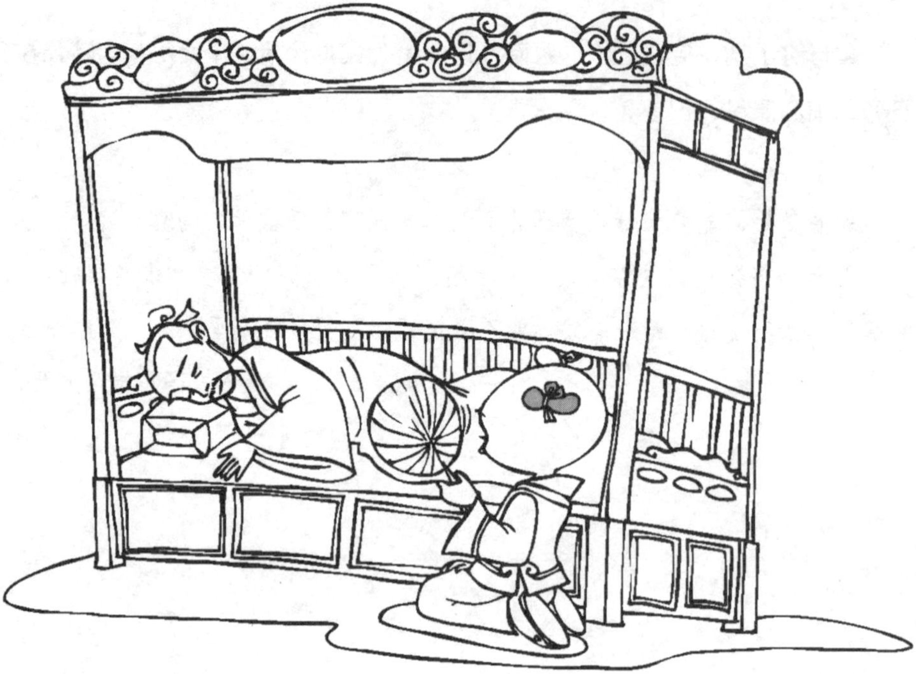

14. 父母老，益赡养，孝一次，胜千香。

【注释】

益：更加，进一步。

赡养：子女在经济上为父母提供必需生活用品和费用的行为，这是做儿女应尽的义务。老人除了物质需求以外，还有精神和心理需求，做子女的应尽力给予满足。对父母付出精神情感方面的爱，更是子女不可忘记的赡养义务之一。

【易解】

父母年龄大了，子女要好好赡养。孝敬父母一次，远胜过父母离世后烧一千炷香。

孝敬父母是不能等待、拖延的，以免将来产生"子欲养而亲不待"的愧疚、悔恨和悲伤。

——高占祥《人生漫步》

15. 常尽孝，心则仁，扶危难，济孤贫。

【易解】

　　一个经常对父母尽孝的人，必定能宅心仁厚，见义勇为，乐于奉献。把爱心仁德扩展延伸到社会上去，便会有更多的人扶危济难，帮助孤寡贫穷等弱势群体。

　　孟子倡导"老吾老以及人之老"的仁爱精神。就是说，尊奉自己的父母，也尊奉别人的父母。这种仁爱精神，两千多年来一直是人们所憧憬、所追求的目标。今天，这种精神已在神州大地上开花结果。人们不仅对自己的亲生父母孝敬备至，也对公公、婆婆、岳父、岳母、养父、养母体贴入微。还有许多人，悉心服侍、照料社会上没有子女的老人，甚至把不沾亲、不带故的孤寡老人接到自己家中，奉养、爱戴如同亲生父母。这表明，"养亲必敬"在我们国家已经形成良好的社会风气。试想，一个人如果不孝敬父母，能敬爱别人吗？只有孝敬父母的人，才能够把敬和爱的精神，推广到别人身上。

　　　　　　　　　　　——高占祥《人生宝典丛书——微笑常存》

16. 孝与敬，子道根，好传统，因果循。

【注释】

孝与敬，子道根："孝"与"敬"是做弟子的根本。千百年来，人们把"孝顺"作为衡量子女对父母是否"孝"的一个标准，随着时代的发展，我们从过去强调"孝顺"转为强调"孝敬"，这一字之改，充分体现了新时期的孝道观。

【易解】

在人的一生中，对自己恩情最深的莫过于父母，所以说，孝敬父母，感恩父母，是做人的本分，是天经地义的美德，要一代代地传承下去。

17. 人之貌，乃天生，人之美，在心灵。

【注释】

貌：相貌、长相，外表的样子。

心灵：指内心、精神、思想等。俗话说："相由心生。"孔子主张"里仁为美"，把仁德作为美的重要因素和内在条件。有的人相貌虽然不够英俊秀美，但其心灵美、行为美，全身都闪烁着人格的魅力，在人们的心目中，他就是一个完美的人。

【易解】

人的相貌是天生的，一个人真正的美，在于其心灵美。有的人尽管仪表堂堂，衣冠楚楚，却满口脏话，举止粗俗，甚至置社会公德于不顾，不知礼义廉耻，这样的人在人们的心目中，就是一个金玉其外而败絮其中的丑陋者。

18.见师长，莫呼名，桃李艳，师生情。

【注释】

师长：对教师的尊称。

桃李：桃树和李树，比喻所培养的优秀人才如同桃李的果实那么繁茂。

【易解】

桃李芬芳，得益于园丁的辛勤栽培。因此，学生对老师要特别尊重，不能直呼其名。某些场合需向他人介绍老师时，也必须在其名字后加上"老师"一词。

> 满园浇雨露，
> 处处用心栽。
> 何惧风霜苦，
> 但求桃李开。
>
> ——高占祥《禅外谣》

19.对长辈，用敬语，要称您，勿称你。

【注释】

长辈：与小辈相对，指家庭或社会中辈分大的人。
敬语：就是含恭敬口吻的用语。

【易解】

同长辈说话要使用敬语，称呼长辈要用"您"，不能用"你"，也不应使用"老张"或"老李"一类的称呼。

养亲必敬，手足情深。
尊老爱幼，从师必尊。

——高占祥《处世歌诀》

20. 入人室，先敲门，未得允，足不伸。

【易解】

到别人家去，要先敲门或按门铃，得到主人应允之前，不宜擅自闯入，这是尊重他人的一种体现。中华民族很讲究文雅做客的礼仪，并把它作为衡量一个人文化素养、道德水准的尺度之一。

做客当预约，
忌做不速客。
做客当守时，
忌做失约客。
做客当守礼，
忌做失礼客。
做客当整洁，
忌做邋遢客。
做客宜坦荡，
忌做朦胧客。
做客宜适度，
忌做沉臀客。
做客当自谦，
忌做夺主客。

——高占祥《人生漫步》

21.邻里和，有义方，遇急事，互相帮。

【注释】

邻里：街坊，邻居。

义方：符合正义和公理的做事方法。

【易解】

俗话说："远亲不如近邻"。在邻居遇到困难时，要主动去帮助，这不仅能增进邻里之间的友情，也有利于生活、工作的顺利进行和社区文明的建设。

> 提倡睦亲邻里，
> 切忌搬弄是非；
> 提倡助邻为乐，
> 切忌以邻为壑；
> 提倡邻里互让，
> 切忌寸步不让；
> 提倡沟通理解，
> 切忌猜疑误会；
> 提倡相互宽恕，
> 切忌互相怨怒。

——高占祥《人生漫步》

22. 与人言，休四顾，与人行，频让路。

【注释】

四顾：东张西望，左顾右盼。

频：屡次。

【易解】

跟人交谈时，不要左顾右盼，东张西望，而是要专注地与他人交流，以示对对方的尊重。跟别人一起行走时，要多让路，不要抢道而行，也不要推挤别人而抢先通过，否则就会显得行为粗野。

> 交谈面孔忌死板，
> 说话切忌吐脏言。
> 听话之时忌摇头，
> 待客之时忌冷淡。
>
> ——高占祥《人生漫步》

23. 与人约，及时赴，有佳肴，慢下箸。

【注释】

赴：到某处去，如赴约、赴宴等。

佳肴：精美的菜肴。

箸：筷子。

【易解】

与人约会时，要按时赴约，不要迟到。在餐桌上，应请长辈先用餐，不要长辈还没动筷子，晚辈就抢先动口。见到美味的菜肴，切勿迫不及待地动筷去抢夹，应先礼让比自己年长或年幼的人，免得被人嗤为不讲礼节，缺少教养。

人，要言而有礼，礼而有矩，文雅谦和，不吐恶语，举止庄重，彬彬有礼。这样的交往不仅会带来愉悦，也有利于社会的安定、和谐与进步。

——高占祥《人生漫步》

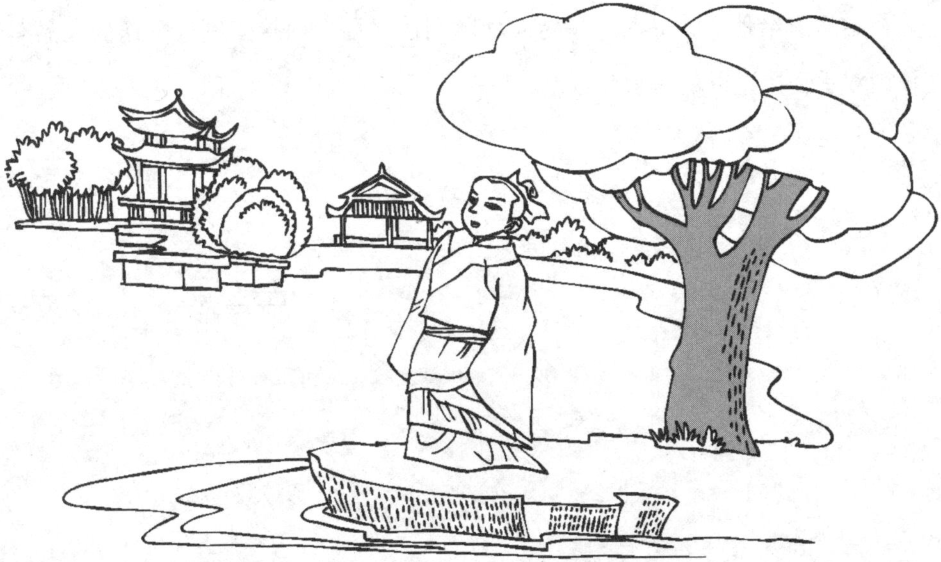

24.赠物时，伴问候，受礼时，宜双手。

【易解】

在赠送递给他人物品时，一定要伴随问候之语；而接受别人赠送的礼品时，应该用双手去接，以示谢意和敬意。

珍重友谊，高义薄云。
团结友爱，睦乃四邻。

——高占祥《处世歌诀》

25. 有所求，当明告，感其恩，当相报。

【易解】

　　请求别人帮助或借用别人的物品时，一定要直言相告，不要不声不响地拿走和使用别人的东西。别人给予帮助，受惠于人，要诚恳地表示谢意。滴水之恩，当涌泉相报。

　　　　　　滴水之恩刻衷肠，
　　　　　　涌泉相报情意长。
　　　　　　劝君莫做黑心汉，
　　　　　　人间厌恶白眼狼。

　　　　　　　　　　——高占祥《人生歌谣》

26. 有所失，应道歉，记于心，免再犯。

【易解】

　　自己的言行若有失误、失礼的地方，要主动向对方道歉。道歉不需要付出什么代价，但价值却很大。自己要把过失和教训牢记在心，并经常总结和反思，以免再犯类似的错误。孔子说的"君子不贰过"就是这个道理。

芸芸众生，人皆有短。
不克己短，一生有短。
拒谏饰非，又添一短。
聪明之人，取长补短。
愚蠢之人，巧言护短。
护短护短，越护越短。
护出病来，后悔迟晚。
善于补短，步步向前。

——高占祥《人生歌谣》

27.淫不观，秽不取，食不言，寝不语。

【注释】

淫：在男女关系上态度或行为不正当。

秽：肮脏，丑陋。

寝：睡觉，就寝。

【易解】

青少年要学会自己约束自己的行为，不看有关色情淫乱之书刊、录像等，不涉足肮脏污秽之事。

吃东西和睡觉时，不宜说话，否则会影响自己的健康和睡眠。《论语·乡党》中说："食不语，寝不言。"

> 妙香清远遐迩闻，
> 皎皎素心见纯真。
> 世人崇尚莲花品，
> 纤毫不染净俗尘。
>
> ——高占祥《人生歌谣》

28.仪容洁,衣冠正,洗漱罢,对明镜。

【注释】

冠:帽子,形状像帽子的戴在头顶上的东西。
漱:含水洗口腔。
罢:停止,完毕。

【易解】

平时要注意自己的仪表。洗漱完了,要照镜子,看是否有不适之处。自己仪表干净整洁,会给别人留下较好的印象,这也是对别人的一种尊重。

翠竹明沙绕水滨,
芙蕖经雨浣俗尘。
风流未必多粉黛,
淡雅纯真亦动人。

——高占祥《人生歌谣》

29.劝人时，宜婉转，虽戏言，不揭短。

【注释】

婉转：说话声音、态度等温和委婉，但不失本意。

戏言：开玩笑等随便说说、并不当真的话。

揭短：指揭露别人的短处、生理缺陷乃至隐私，多含贬义。

【易解】

在规劝别人时，说话不宜尖刻，应当说得含蓄、委婉一些，既利于对方接受，又不伤和气。每个人都有长处和短处，每个人也都有自尊心。即使平常说话和开玩笑的时候，亦应注意分寸，尽量不要"哪壶不开提哪壶"，否则会引起不必要的误解和麻烦。

30. 行时正，坐时端，腿不颤，背不弯。

【注释】

端：端正，端庄。
颤：颤动，发抖。

【易解】

一个人行走时，应目视前方，步履轻捷。就座时也应端正，两腿不要抖动，免得给人轻佻之感，腰背要挺直，以免显得不精神。总之，一个人要站有站相，坐有坐相，行有行相，这是一个人气质与风度的具体表现。

文质彬彬指内在的真诚和外在的礼貌相结合的气质和风度，这既是做一个君子的两个方面的重要条件，也是一个人事业成功的"双翼"。在实践中培养自己文质彬彬的气质和风度，将会使自己的品德更高尚，青春更美丽，人生更闪光。

——高占祥《人生漫步》

31. 当人面，勿闲卧，乘车船，应让座。

【注释】

卧：躺下。

【易解】

如果没有疾病或不适，不要当着别人的面躺卧，因为这样既显得懒惰散漫，也显得没礼貌，容易引起他人的鄙视和反感。

乘坐车船等交通工具时，见到老、弱、病、残、孕或带小孩的人，应该让座。这虽然是小事，但能反映一个人的仁爱之心，看出一个人的品德和境界。

"仪静体闲"一语，出自曹植的《洛神赋》。《洛神赋》以浪漫主义的手法，通过梦幻的境界，描写了一个神女恋爱的动人故事。赋中在刻画一位秀美的女子形象时，有"环姿艳逸，仪静体闲"的词句。其中，"仪静体闲"传神地描绘出这位女子仪表文静、体态安闲、端庄优雅的风采。

中国素有"礼仪之邦"之美称。仪静体闲作为显示仪容神态端庄而优雅的一种仪表，一直为中国人民所称道、所追求；历史上许多仁人志士都是仪静体闲的典范。

——高占祥《人生宝典丛书——修身正心》

32.拱手礼，拳相抱，身微倾，面带笑。

【注释】

拱手礼：感谢或见面时常用的一种礼节。行拱手礼时，应双腿站直，上身直立或向前微倾，双手合抱于胸前。一般情况下，男子应右手握拳在内，左手在外，女子则正好相反。在古代，拱手礼在女子中并不盛行，到了近代才开始在女子中流行这种礼仪。拱手礼始于上古，有模仿带手枷的奴隶的含义，意为愿做对方的奴仆。后来，拱手逐渐成了相见的礼节。"拱手礼，出华夏"，能充分体现中国的人文精神。

【易解】

感谢别人，常用拱手作礼，两拳相抱，身子微微前倾，面带微笑，以表达自己的谢意和诚意。

礼貌待人，是指与人交际时所持有的诚恳和气、谈吐文明、举止谦恭的态度。它反映着一个人的精神面貌和文化素质，是一个人心灵美、语言美和行为美的和谐统一。

礼貌待人，是一个民族千百年优良行为的积淀，也是社会不断发展进步的产物，人们往往把它看做一个国家和民族文明程度的重要标志。在这方面，中华民族的祖先为华夏神州赢得了"礼仪之邦"的美誉。

——高占祥《人生宝典丛书——修身正心》

33.招手礼，臂高举，手相挥，示情意。

【注释】

招手：迎接或送别宾客、朋友时，双方距离较远，不便寒暄、握手时，便可行招手礼。

【易解】

招手礼的具体动作和姿态为：高高举起手臂并来回挥动，表示欢迎或不舍。

礼貌待人的核心，是对他人的尊重。培养这种美德，首先要树立约束自己、尊重他人的观念。古人云："诚于中而形于外。"只有从思想上约束自己、尊重他人，才能自觉做到礼貌待人，同时，也自然会赢得他人对自己的尊重，从而形成互相尊重关心、互相体谅帮助的融洽关系。

——高占祥《人生宝典丛书——修身正心》

34. 握手礼，传友谊，目相望，勿斜睨。

【注释】

睨：斜着眼睛看。

握手：用于人们相见致意，表达彼此之间的内心情感，如友好、亲近、信任、团结等。握手要用右手，握手时要表现得热情、自然、大方，不要有气无力地把手伸出去，也不宜太用力，或抖动过于厉害，更不要握住对方的手长时间不放。晚辈与长辈握手，宜用双手。

握手是一种很讲究的交际形式。握手的力量、姿势与时间的长短，往往能够表达出对对方的不同态度。美国著名盲聋女作家海伦·凯勒说："我接触的手中有些人的手能拒人千里之外；也有些人的手充满阳光，你会感到温暖。"

【易解】

握手时双方通过相对目视而进行感情交流，因而握手时要"目相望"，不能跟甲握手时，还斜着眼睛跟乙说话，这是对甲和乙双方的不尊重。

35.鞠躬礼，表敬意，背向天，面朝地。

【注释】

鞠躬：弯身行礼，是表示对他人敬重的一种郑重礼节。"鞠躬"起源于中国，商代有一种祭天仪式"鞠祭"。

【易解】

晚辈给长辈鞠躬，以"背向天，面朝地"的深鞠躬为宜，以示尊重。

培养礼貌待人的美德，还要学习有关的礼貌知识。除了日常的文明用语之外，诸如招待客人、出外做客、亲朋相聚、文娱体育等与人们关系密切的社交活动，其中的礼貌知识，也须了解和注意运用。

——高占祥《人生宝典丛书——修身正心》

36.拜尊亲，可下跪，终不能，拜权贵。

【注释】

拜：一种表示敬意的礼节。

跪：旧时的一种礼节，两膝弯曲，使一个或两个膝盖着地。

【易解】

对自己尊敬的父母或长辈，在一些特定的情况下，可行下跪礼，但绝不能趋炎附势，向权贵卑躬屈膝地下跪。做人要有人格、有骨气、有尊严。

> 远离尘嚣卧青萍，
> 傲骨铮铮不奉迎。
> 名利场中多浑噩，
> 蝇营狗苟误平生。
>
> ——高占祥《人生歌谣》

37.扬个性，不逾矩，遵礼仪，不拘泥。

【注释】

个性：在一定的社会条件和教育影响下形成的一个人的比较固定的特性。

逾：超过，越过。

矩：法度，规则。

礼仪：礼节和仪式。

拘泥：拘束，固执，不知变通。

【易解】

每个人都有自己独特的个性，个性对一个人的自身发展起着重要的作用。一个毫无个性的人，就失去了独立存在的价值。

我们在讲规矩的同时，应该倡导、尊重弟子们的个性。只有张扬个性、解放个性、完善个性，才能使一个人迸发出最大的能量，因此，绝不能扼杀个性。个性有消极与积极之分，应该改善消极个性，培育积极个性。张扬个性的前提是遵守法制，做到"从心所欲，不逾矩"。

人既要谨守本分，遵守礼仪，又不能思想保守，墨守成规。我们需要的是生气勃勃、富有创造性的人才，而不是那种不敢创新、死气沉沉的奴才。

38. 美少年，花初绽，融今古，追圣贤。

【注释】

绽：绽放，开放。

圣贤：圣人和贤人。圣人，旧时指品格高尚、智慧超群的人物，如孔子从汉朝以后被历代帝王推崇为圣人。

【易解】

做弟子应充满朝气和活力，就像刚刚绽放的鲜花一样。应当努力修身，把古代和现代的修身智慧融合一体，直追历代圣贤的高怀雅量和盛德懿行。在人生的舞台上，要用"追圣贤"的言行谱写自己生命的乐章，展现青春的魅力，绽放靓丽的光彩。

要做到文质彬彬，就要有文雅的举止、谦虚的态度和雍容大度的气质，就要克服粗野、冷漠和骄横。文质彬彬是内在美和外在美的和谐统一，因而它是一个人思想意识、道德修养、知识水平、身体素质的综合表现。

——高占祥《人生宝典丛书——修身正心》

39.云万里，不如晴，计百出，不如诚。

【易解】

浮云万里，天阴欲雨，让人觉得压抑，总不如晴天令人爽快。一个人心眼儿过多，计谋百出，聪明过度，使周围的人心怀戒备，如避瘟疫，反而不如实诚的人更可亲、可信、可敬。有句谚语说得好："一两重的真诚胜过一吨重的聪明。"可谓言简意赅、一针见血！

立身处世，以实为本。

君不见，万丈高楼平地而起，夯实地基为第一；参天大树搏风击雨，扎实根基为第一；谷子低头而笑于稗草，丰盈子实为第一；有志之士建功立业，充实自己为第一。

一个"实"字，价胜千金。"实"，乃人生道德修养的瑰宝。为人诚实的人，可以广交朋友；敢于求实的人，可以得到人们的尊重；勤于务实的人，可以干一番事业；作风朴实的人，可以得到人们的信任；思想充实的人，可以使自己富有朝气地度过一生。

——高占祥《人生宝典丛书——诚实守信》

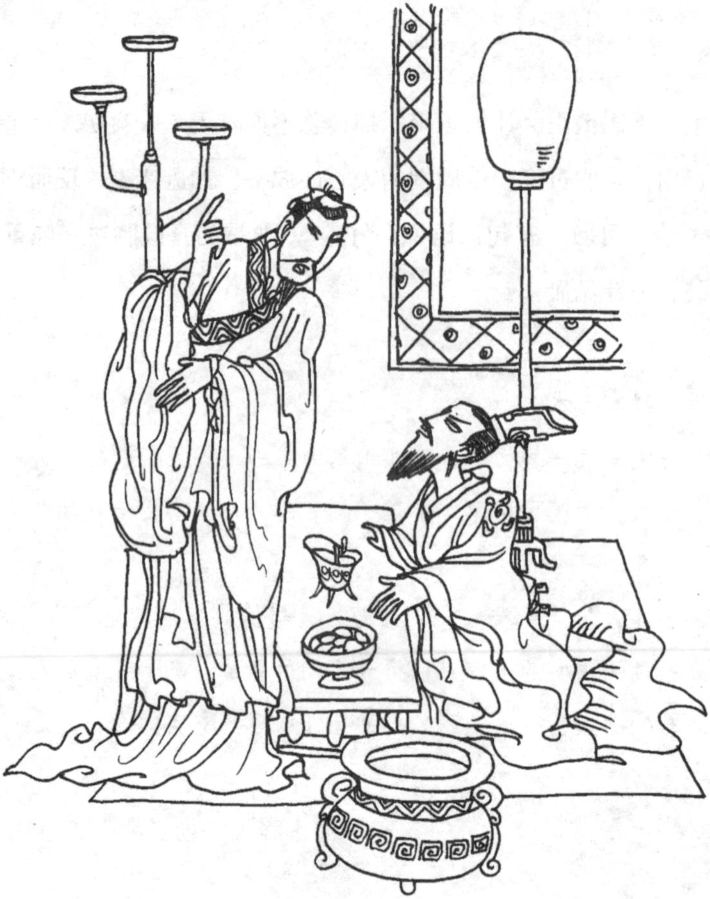

40. 心不诚，难成事，言不诚，难立世。

【易解】

在社会上活动和与人交往中，要把诚信放在首位。对人应该坦诚。如果一个人没有真心实意，别人就不愿与他共事；如果一个人说话不算数，言行不一，表里不一，久而久之就难以有立足之地。

人生在世，"必诚必信"。就是说要做一个堂堂正正的人，要诚实守信。诚实是指忠诚老实，言行一致，鄙弃虚伪，实事求是；守信是指恪守信约，履行诺言，说到做到，言而有信。这既是社会公德对人们处世待人的要求，也是每个社会成员应当遵循的道德标准。自古以来，我国人民就非常重视诚实守信，所以有"诚实贵于珠宝，守信乃人民之珍"的谚语流传。

——高占祥《人生宝典丛书——诚实守信》

41. 他人求，勿轻应，如许诺，必践行。

【注释】

勿轻应：不要轻易答应。

诺：答应的声音，表示同意。

践：履行，实行。

【易解】

当别人求助于自己时，不要轻易答应。已经答应别人的事情，一定要及时去履行自己的诺言。

言出行随，还要注意做到"慎言"。所谓"慎言"，就是当我们的行动能力与条件有限时，不可毫无顾忌地妄言狂语。要量力而行，也要量力而言。宁可把话说得小些，也要把事办得好些。大言不惭是万万要不得的。句句着实不落空，方是慎言。

——高占祥《人生宝典丛书——诚实守信》

42. 欠人钱，及时还，身负债，心不安。

【易解】

"欠债还钱，天经地义"，"有借有还，再借不难"，这是东方古老而又适用于现代的文化理念。做人要讲信义，如果欠了人家的钱，应及时归还，否则身背债务，内心也会感到惶恐不安。须知，诚信的缺失很难以货币来折算。

做人光明磊落，坦坦荡荡，是古人追求的君子风范，也是中华民族的传统美德。早在春秋战国时期，伟大的思想家孟子就发出过"仰不愧于天，俯不怍于人"的感天动地之声。《宋史·蔡元定传》也记载了"独行不愧影，独寝不愧衾"的沁人心脾之音。

衾影无惭，指没有做过亏心事，行为光明磊落。衾，指被子；影，指身影。清代李宝嘉《官场现形记》中说："我们讲理学的人，最讲究的是'慎独'的功夫，总要能够衾影无惭，屋漏不愧。"这是一个形象比喻的说法，其寓意是说，不做任何亏心事，什么时候都问心无愧。

——高占祥《人生宝典丛书——修德养身》

43. 坑与骗，福根断，诚与信，幸福源。

【注释】

坑与骗：利用狡猾的手段或欺诈的伎俩来坑害他人。

【易解】

坑蒙拐骗、损人利己的人，必定会自绝前程，自断福根。诚信做人则能取信于民，得心于众。讲诚信的人人们都愿与之相处，从而开掘出幸福的源泉。

世界上任何一个人在人际交往中，都希望对方对自己坦诚相待，而不是信口雌黄或口蜜腹剑。坦诚相待是指坦率真诚地互相交往。应当说，坦诚是最吸引人的品格之一。做生意要坦诚，干事业要坦诚，赢得爱情也要坦诚。坦率真诚比任何力量都强大，它能使你赢得对方的信任和尊重，这是人生走向成功的可靠保障。

——高占祥《人生宝典丛书——诚实守信》

44. 诚待人，信交友，不欺童，不骗叟。

【注释】

叟：老头，老年男子。

【易解】

一个人只有诚恳待人，讲信用，才能广交朋友。

做人要有道德底线。这个道德底线就是不能欺骗人，尤其不得欺骗儿童和老人。否则就失去了人性，丧失了做人的起码资格。

诚实守信，既是社会上待人接物的要求，又是每个人所应当遵循的道德标准。谁播了诚实的种子，谁就会收获信任的果子。诚实守信的人，一定会收获到别人对他的信任。

——高占祥《人生漫步》

45. 讲实话，验不倒，说假话，怕追考。

【易解】

如果讲的都是实情，就不会被各种检验所推倒，经得住现实与历史的审查与考验。讲假话的人，就怕别人进行考察和追究。当他说了一句假话之后，就会再编出十句假话来掩盖，其结果是越描越黑，欲盖弥彰，陷入了以一个谎言掩盖另一个谎言的恶性循环。

要做到声无假吟，就要做到言而有信。我们在为人处世中应该做到"一诺千金"、"说到做到"。在为人处世中绝不能用谎言来骗取他人的信任，否则就会误国误民。春秋时候有个"周幽王烽火戏诸侯"的故事，结果真正到大兵压境，诸侯谁也不来，导致了周的覆灭。我们每个人都希望得到别人的信任，然而要让别人信任你，首先要不说假话，说话算话，不轻言，不失言，不假言。一个声无假吟的人，必定是一个让人信任的人。

如果每个人都说真话，吐心声，那么我们就能成为无愧于天地、无愧于他人的顶天立地大写的人。

——高占祥《人生宝典丛书——诚实守信》

46.向人处，少逢迎，如称赞，必真情。

【注释】

逢迎：说话和做事故意迎合别人的心意(含贬义)。

【易解】

当着别人的面，少对别人进行吹捧，尤其是对上司或权贵，不要阿谀奉承，迎合对方。如若称赞别人，必须言为心声，真情流露，而非言不由衷，虚情假意。

>清高不肯俯身躯，
>傲骨英姿凌碧虚。
>云天矫矫鸿鹄志，
>庭院幽幽君子居。
>花至晚芳尤耐看，
>黄昏何必长嗟吁。

——高占祥《人生歌谣》

47.背人时，语不贬，评论之，如当面。

【注释】

贬：给予不好的评价，与褒相反，减低、降低。

【易解】

背后谈论他人时，不要故意降低对他人的评价。即使评论，也要像对方在自己面前一样。一个人若在背后贬抑他人，抬高自己，将被视为小家子气而有损自己的人格形象。

流言时时有，
不信自然无。
蜚语处处走，
不传自然收。

——高占祥《人生歌谣》

48. 言既出，行即随，虽有难，不轻移。

【易解】

一句话说出口后，行动就要跟上。既然话已说出，即使有这样或那样的困难，也不要轻易改变，而要尽量去兑现自己的诺言。

劲草生崖上，
英英挺且直。
见异不思迁，
独自苦吟诗。

——高占祥《人生歌谣》

49. 诚无诟，信无非，己不语，口似碑。

【注释】

诟：耻辱，辱骂。汉代刘向《说苑·敬慎》云："诚无诟，思无辱。"其大意是，为人诚实，办事讲信用，就不会引起是是非非，就不会遭到羞辱。

【易解】

一个人真诚诚恳就不易被人诟病，一个人重信守诺就不易被人非议。如果做到了诚实守信，即使自己不言语，不宣扬，也会在民众中有一个很好的口碑，得到老百姓的赞扬。正如人们所说："路上行人口似碑"，"金碑、银碑，不如老百姓的口碑"。

好的名誉是靠踏实工作、诚实做人的美德换来的。靠投机取巧获得名誉只不过是美丽的露珠，太阳一晒就会立刻干涸。

——高占祥《人生漫步》

50.守诚信，遂从容，逢危急，可变通。

【注释】

遂：就，于是。

变通：依据不同情况，做非原则性的变动。

【易解】

诚信是金，无信不立。遵守诚信的人，可以胸襟坦荡、光明磊落地与他人共事。当然，事物是复杂的，情况是不断变化的，一旦遇到危急或特殊情况，原来商定的事真的难以兑现，那就应当向对方讲明因由，求得对方的理解，做一些灵活的变通处理。这样做，并不影响自己诚信的声誉。

> 坚持原则，临机应变。
> 允执其中，不倚不偏。
> ——高占祥《处世歌诀》

51.黄赌毒，是三害，不得沾，沾必败。

【注释】

黄：是一个多义的文字。这里讲的"黄"，特指色情读物、色情录像或色情活动。

赌：泛指赌博，用斗牌、掷色子、游戏机等形式，拿财物做赌注比输赢。

毒：进入有机体后能跟有机体起化学变化，破坏体内组织和生理机能的物质毒品。这里重点指会使人产生依赖的化学品如鸦片、海洛因、吗啡、大麻、可卡因等。

【易解】

色情产品、赌博、毒品，是社会的三大祸害，也是人生的三大陷阱。青少年涉世未深，如果卷入这"三害"的漩涡，很容易迷失方向，甚至走上人生邪路。许多赌徒在迷魂阵中越陷越深，负债累累，一败涂地，家破人亡。吸毒一旦上瘾，难以自拔，非但经济上不堪重负，给自己和家庭带来不幸，同时也是造成社会不安定的重大隐患。青少年要做一个好弟子，万万不可沾染"三害"，否则受"三害"蛊惑而踏上一条不归路，悔之晚矣！

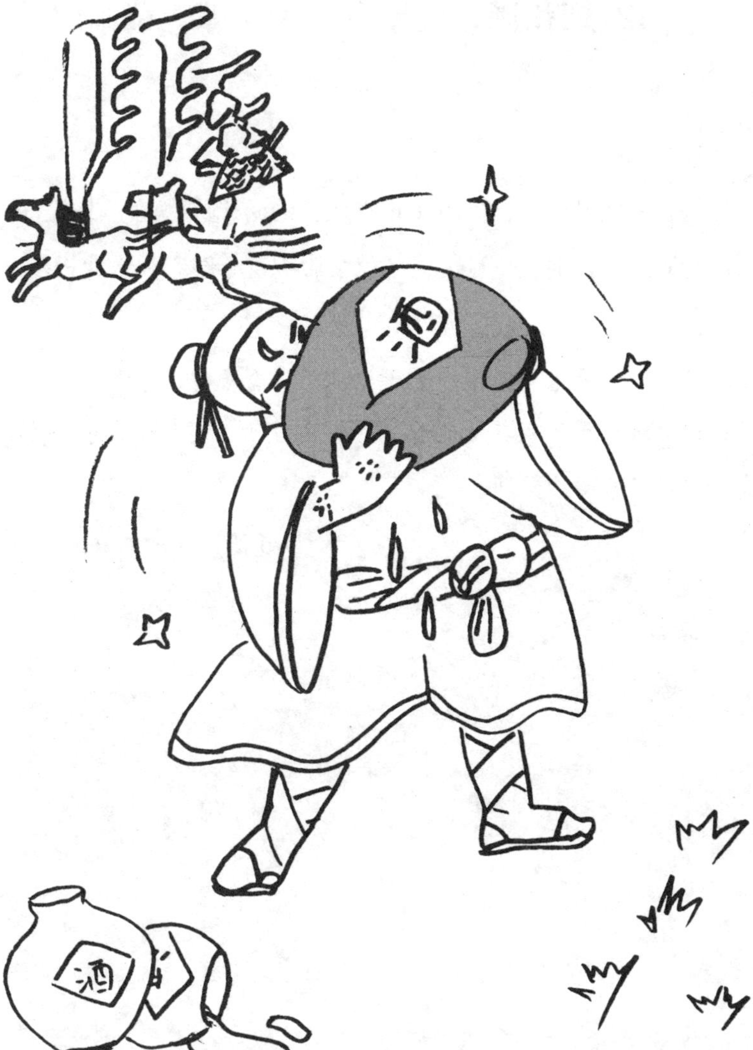
酒
酒

52. 烟和酒，到处有，少年郎，莫入口。

【易解】

虽然烟和酒到处可得，但对于正在成长的尚未成熟的"少年郎"来说，千万不要尝试、沾染。否则，一旦上瘾，就会影响身心健康和学业进步。

要洁身自爱就要谨防污染。大千世界，无奇不有；宇宙空间，优劣并存。因而，我们既要天天寻觅真善美的营养来充实自己，又要天天小心洗涤沾染在身上的污点，以保持身心的洁净。

——高占祥《人生宝典丛书——修身正心》

53.爱蓝天,护绿地,抛垃圾,休随意。

【易解】

我们要爱护蓝天,保护绿地,共同建设美好的生活家园。垃圾不要随便乱扔,以防影响公共环境卫生,败坏社会公德,乃至影响我们的文明程度和国家形象。

> 要叫那——
> 山更清来水更秀,
> 草更绿来花更娇。
> 蜂蝶嗡嗡戏花丛,
> 百鸟翩翩绕树梢。
> 蓝天白云映丽日,
> 我们拍手哈哈笑。
> 张开小嘴唱支歌:
> 祖国江山无限好。
>
> ——高占祥《人生歌谣》

54. 晨起床，即叠被，将入眠，思无秽。

【注释】

秽（huì）：肮脏，丑恶，丑陋。

【易解】

早晨起床后，一定要把被褥整理好。入睡前，不要去想那些乱七八糟的事。

心如大海气如川，
流向人间灌福田。
善恶到头终有报，
浮沉不必问前缘。

——高占祥《禅外谣》

55.餐之前，便之后，讲卫生，必净手。

【注释】

净手：洗手。2011年全球卫生行为研究调查报告指出：中国人最不爱洗手。报告说：在所调查的12个国家中，平均有54%的人会每天用肥皂洗手5次以上，中国在所有的国家中这个比例是最低的，只有25%的人用肥皂洗手5次以上，仅为其他国家平均水平的一半。

【易解】

饭前便后，要讲究卫生，洗净双手。养成饭前便后洗手的良好卫生习惯，是防止疾病传染、保护自我健康的重要措施，也是讲文明的具体表现。做弟子的应该从娃娃时期开始，就养成良好的卫生习惯，来改变世人的印象，做一个讲卫生的表率。

56. 房中物，莫乱丢，何处取，归何处。

【易解】

房中的物品不要随便丢弃，在何处取的，用完后仍归回原处。这样做有利于养成良好的生活习惯，有利于保持环境的整洁。

环境美，要求做到"卫生、整洁、绿化"。卫生是健美之路，整洁是文明之星，绿化是生命之洲。环境，是人们学习、工作、生活的场所。从一定意义上说，人类文明进步的过程，就是人们利用环境、改造环境，并使之有利于人类生存和发展的过程。一个净化、绿化、美化的环境，不但会给人们带来清新舒适的感觉，还有利于提高人们的健康水平，提高学习、工作效率，促进社会的文明进步。这就要求我们，要养成讲究卫生的好习惯，要培养遵守社会公德的好品格，要自己动手净化、绿化、美化环境，把我们伟大的祖国建设成为一个文明昌盛的乐园。

——高占祥《人生宝典丛书——修身正心》

57. 游于艺，增智商，溺于嬉，万事荒。

【注释】

智商：智力商数。智商＝智龄÷实足年龄×100。如果智龄与实足年龄相等，则智商为100，其智力中等。智商在120以上为高，80以下为低。

溺（nì）：淹没在水里，沉迷不悟，过分。

嬉（xī）：游戏，玩耍。

【易解】

一个人在奋发努力学习、工作的同时，要注意劳逸结合，多参加一些文艺体育活动，以愉悦心情、陶冶情操、提升智商、增长才干。若一味沉溺于嬉戏的喧闹中，必然影响学习、工作和健康，乃至荒废自己的学业。

知识是一切美德之母，只有知识的江河才能载起事业和理想之舟。我国历代有成就的人都很注重求知，认为只有用知识来武装自己，才能使自己成为一个完善的人。书籍是知识的载体，因此善于读书是获取知识的重要途径和塑造自己人格的重要手段。

——高占祥《人生宝典丛书——求知善读》

58.处安乐，思艰难，虽得意，莫尽欢。

【注释】

得意：称心如意，感到非常满意。

【易解】

俗话道："人生在世难难难，苦辣酸甜麻涩咸。"身处安乐之日，要多想想艰苦困难之时。即使春风得意，亦该马不停蹄地追求人生的更高境界。不要高兴得忘乎所以，谨防酿成"乐极生悲"的人生惨剧。

人生得意莫昏昏，
看尽春花不再春。
欲望本来如火种，
一经鼓舞便焚身。

——高占祥《禅外谣》

59.四海内，皆兄弟，切莫染，江湖气。

【注释】

四海：古人认为中国四面都有海洋环绕，所以用"四海"指全国。

江湖：旧时泛指四方各地，亦指各处流浪，靠卖艺、卖药等为生的人。

气：习气，逐渐形成的习惯和作风。

【易解】

古人云：四海之内皆兄弟也。世界各地的人都要和睦相处，像亲兄弟一样。但社会上也有很多人为了哥们儿或小团体的利益，推崇所谓的"江湖义气"。他们不讲原则，不问是非，不分青红皂白，爱逞匹夫之勇。为了显示自己的"仗义"，不分是非地"为朋友两肋插刀"。青少年朋友要警惕啊！切莫沾染上这种野蛮、粗俗的江湖习气。真正的友谊是互相信任理解，互相支持帮助，以友辅仁、以义相亲。

人是社会化的万物之灵，人区别于自然界其他动物的显著特点是人的社会性，因而社会交往成为联结人类活动的纽带。一个人若离开他人的支持和协助，很难做成什么事情。"一个篱笆三个桩，一个好汉三个帮"，讲的就是这个道理。可见，广结善缘对于人们成功地进行各种活动，起着非常重要的作用。

——高占祥《人生宝典丛书——唯义是守》

60. 有争辩，亦良言，言不合，休拔拳。

【注释】

争辩：各执己见，互相辩论。

良言：有益的话，好话。

不合：意见不一，合不来。

【易解】

对一些事情因认识不同而引起争执时，应该好言好语地、心平气和地各抒己见，切莫因意见不合而挥拳相向。真正的挚友往往会在争辩中加深相互了解，升华友谊。

平时，人与人之间相处，由于经历、环境等情况的不同，出现分歧和意见，产生矛盾和误解，都是不足为怪的。只要大的方面一致，我们就要从团结的目的出发，谅解、忍让，从而融洽人际关系，求同存异，共同前进。中华民族文化历来重视人际关系的和谐。和谐的人际关系可以为人们的各项活动创造良好的环境气氛，从而有利于工作、学习以及身心健康。和谐的人际关系，是事业兴旺发达的一个重要条件，也是当前建设祖国、振兴中华的一个重要条件。

——高占祥《人生宝典丛书——唯义是守》

61.遇邪恶，必抗争，智与勇，灭其凶。

【注释】

邪恶：(性情、行为)不正而且凶恶。

抗争：斗争，搏斗。

【易解】

当看到盗贼或黑恶势力正在犯罪时，必须英勇地与恶势力斗争。但斗争时，既要有勇，又要有智。先估量一下自己的实力，若寡不敌众，明知面对面搏斗不能取胜时，就要智斗，即暂不正面交锋，而是迅速呼唤、组织群众，或迅速向公安部门报警，伸张正义，捉拿罪犯。

古往今来，许多仁人志士，在百姓遭受苦难的时候，慨然向前，挺身而出，为百姓之不平而鸣。他们不计个人安危而为民请命，维护正义，令人钦敬感佩。他们的义举，体现了中华民族高尚的道德风范。

——高占祥《人生宝典丛书——当说必说》

62. 谨于言，善思维，慎于行，乃强锐。

【注释】

思维：在表象、概念的基础上进行分析、综合、判断、推理等认识活动的过程。思维是人类特有的一种精神活动，是从社会实践中产生的。

【易解】

一个人要谨言慎行，遇事多思考，透过现象看本质。这样攻克难关时，就能强悍勇猛、锐不可当。

> 大千世界闹纷纷，粗心是支乱事军。
> 一毫之差谬千里，一念之错总伤神。
> 一枪不准丧无辜，一洞不堵致船沉。
> 一句流言伤朋友，一桩错案害忠臣。
> 为人忌做粗心汉，处世应有绣花心。
> 一丝不苟有韧性，"认真"两字出黄金。
> 劝君莫当马大哈，做个认真办事人。
> ——高占祥《人生宝典丛书——诚实守信》

63. 海之量，纳百川，君子量，比海宽。

【注释】

海之量，纳百川：大海的宽广可以容纳众多河流，比喻人的心胸开阔。

【易解】

　　大海之所以浩瀚无边，是因为它兼收并蓄。无论江水河水、沟水渠水、雨水雪水、净水污水，一概接纳。慷慨、大气、包容，是让人欣赏和敬仰的品格。我们应该学习大海那种豁达大度的涵养，培养自己能包容他人的品格，努力使自己成为一个度量比海洋更宽广的人。

　　　　　　　　跳出自我天地广，
　　　　　　　　春日融消瓦上霜。
　　　　　　　　莫叹泥泞难跋涉，
　　　　　　　　历尽坎坷是辉煌。

　　　　　　　　　　　——高占祥《人生歌谣》

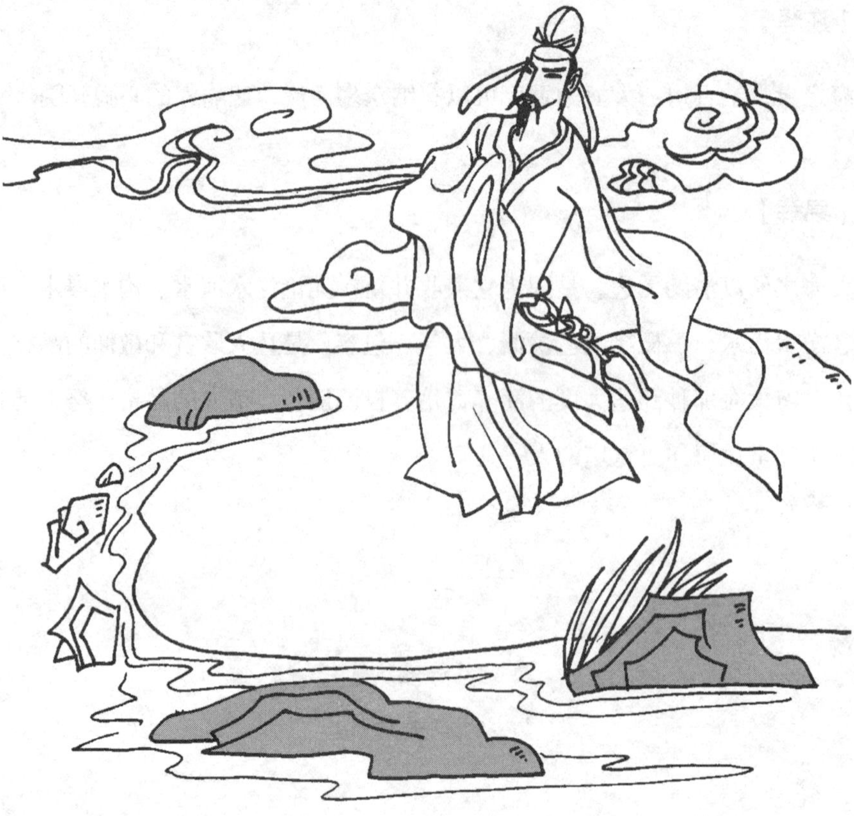

64.轻得失，处泰然，莫笑我，受欺瞒。

【注释】

泰然：形容心情安定。

【易解】

以淡泊功名利禄的心态，看轻或不斤斤计较个人的利害得失，处之泰然。不要讥笑我的这种态度是"愚笨"，是受人欺骗蒙混而不察觉。须知，许多貌似蠢笨者，才是真正具有智慧的人！

> 笑一回，乐一回，
> 抛了烦忧忘了悲。
> 心头不染灰。
> 偶吃亏，就吃亏，
> 不必时时争是非。
> 烟云信手挥。
>
> ——高占祥《禅外谣》

65.夺人利，片刻欢，与人利，百年安。

【注释】

片刻：极短的时间。

与：给。

【易解】

夺了别人的利益，占到了便宜，沾沾自喜，只能在刹那间得到快乐，以后你的心头会长期浮有阴云。把利益让给别人，宁愿自己吃亏，则能获得永久的安宁。

> 休作刺，只栽花，
> 种出芬芳沁自家。
> 桃李他年香四野，
> 随君一路到天涯。
>
> ——高占祥《禅外谣》

66.争一步,惹事端,让一步,息波澜。

【注释】

争:力求获得,互不相让。

事端:纠纷。

让:谦让,后退一步。

波澜:波涛,多用于比喻义。

【易解】

倘若双方都针尖对麦芒,互不相让,很容易引起冲突。高姿态地互相谦让,就能平息争吵与纠纷的波澜。儒家提倡君子要温、良、恭、俭、让,其中"让"被视为美德之一。

> 飘零无意逐高低,
> 枯木寒枝尽可栖。
> 纵使鲜花埋粪土,
> 也随风雨化春泥。
>
> ——高占祥《人生歌谣》

67. 不平事，虽可恼，记心中，唯自扰。

【易解】

遇到不平之事，虽然苦恼，但应该尽快忘却。如果一直耿耿于怀，唯有自我困扰而已，何必拿别人的过错来惩罚自己呢？

>他人有过你生气，
>那是和己过不去。
>小人有意来气你，
>生气正好中他计。
>
>——高占祥《人生歌谣》

68. 我之心，人难晓，人之嘲，我一笑。

【注释】

嘲（cháo）：用言辞笑话对方。

【易解】

我心中想些什么，别人很难知晓。对于别人的嘲讽，我不屑争辩，一笑了之。《论语·学而》中说："人不知而不愠，不亦君子乎？"

豁达大度、胸怀宽阔是一个人有修养的表现。中国过去有句俗话，叫做"宰相肚里能撑船"。姑且不论那些宰相是否都是有度量的人，但人们都把那些具有像大海一样广阔胸怀的人看做可敬的人。

古往今来的史实表明，凡事业上建功立业、取得成就的，绝非那些胸襟狭窄、小肚鸡肠、谨小慎微的人，而是那些襟怀坦荡、宽宏大量、豁达大度者。

——高占祥《人生宝典丛书——微笑常存》

69. 人怨我，我忍之，孰之过，请三思。

【注释】

怨：怨恨，责怪。

忍：忍耐，忍受。强制压抑自己的感情，或以豁达、大度的气量来改善自己的情绪。

孰：疑问代词，谁，哪个，什么。

【易解】

若有人对我进行责难，强烈地表示不满，如果不是什么原则性的大问题，我就隐忍下来。"忍是心头一把刀，若是不忍把祸招"，一时的忍耐可避免激化矛盾。"让人非我弱"，我选择忍耐并不意味着过错在我。到底是谁的过错呢？请君反复思考吧，事实会证明孰是孰非。

先人修养最讲忍，
视为君子之根本。
不忍百灾皆来临，
一忍百祸化灰烬。

——高占祥《人生歌谣》

70. 人斥我，我聆之，如有益，即我师。

【注释】

斥：用严厉的言语指出别人的错误或罪行。

聆：听。

【易解】

当有人斥责我的时候，我要仔细聆听。如果有益于我的进步，批评者即为我师也。

骄傲是无知的别名，

自满是智慧的尽头。

虚心是才智的宝库，

谦逊是成才的密友。

——高占祥《人生歌谣》

71. 人辱我，我怜之，彼无德，谅无知。

【注释】

辱：耻辱，侮辱。

彼：对方，他。

谅：原谅。对他人的疏忽、过失或错误宽恕谅解，不加责备或惩罚。

【易解】

有人无端羞辱我，我反而可怜他。因为对方无知、无德，所以我怜悯这种缺乏知识的人。如遇那种不明事理的人侮辱我，我不加理会，何必跟这种低下的人去计较呢！

理解，是谅解的前提。在工作与生活中，当与别人发生磕磕碰碰不愉快事情的时候，要努力把自己的恼怒情绪引入冷静理智的思考，使自己的感情升华到理性行为，设身处地地为对方着想，去理解对方。只有理解，才能谅解；只有体谅和同情对方，才能从个人的恩恩怨怨中解放出来。

——高占祥《人生宝典丛书——唯义是守》

72.人诬我，我辩之，辩不得，待他时。

【注释】

诬：捏造事实冤枉人。

【易解】

若有人无中生有地造谣诬蔑我，我要为自己辩解。如果对方根本不听我的解释、辩白，仍胡搅蛮缠，但还构不成"诬告罪"时，那就由他去吧。事实胜于雄辩，总有一天会水落石出，真相大白。这种人如不改邪归正，早晚要自食苦果。

善恶分明两扇门，
谁言福祸不由人？
仰天唾罢污其面，
携桂行时香自身。

——高占祥《禅外谣》

73. 亲友间，宜宽容，风雨后，见彩虹。

【注释】

亲友：指亲戚朋友。

宽容：指宽宏大量能容人的一种道德品质。我国古代就十分重视、提倡宽容的处世原则，如《论语·阳货》中讲"宽则得众"。亲友之间，遇到某些意见分歧或行为习惯不一致时，提倡人们互谅互让，求大同，存小异，宽待人，严律己。《宋书·郑鲜之传》有言："我本无术学，言义尤浅，比时言论，诸贤多见宽容。"

【易解】

即便是亲戚朋友之间，也难免产生一些矛盾、分歧、摩擦，但经过切磋、争论、交换意见，会更加了解对方，会进一步加深双方的感情，使人性的光辉闪烁出彩虹般绚丽的色彩。

如今独生子女逐渐增多，一些人或许以为没必要再谈什么手足之情了，其实不然。手足之情是一种传统美德，我们提倡的是这种美德的精神实质。孔子的学生司马牛曾感叹地说："人皆有兄弟，我独无！"子夏听后对他说："四海之内，皆兄弟也。君子何患乎无兄弟也。"这就告诉人们，即使没有兄弟姐妹的人，也能把"手足之情"的友爱推广开来。如果我们在现代文明社会中，能使这种美德发扬光大，那么就会使所有的同志和朋友都像兄弟姐妹一样，整个社会就像一个大家庭，充满祥和之气和手足情谊。这样，既可使家庭和睦欢乐，又有利于社会的文明与安宁。

——高占祥《人生宝典丛书——唯义是守》

注释篇

74. 心有恨，易成邪，心有爱，利和谐。

【注释】

邪：不正当，不正常，中医指引起疾病的环境因素。人们通常会把邪与恶联系在一起。

和谐：配合得适当、匀称。

【易解】

心里有了仇恨，往往会引起不正常的偏激情绪，容易给身体和精神带来伤害和灾祸。心里一旦产生了邪恶，容易酿成"以邪治邪"的祸端，影响社会的和谐。

心中充满了爱，就会觉得春风和畅，有利于人际关系的融洽友好。"和谐"是当今使用频率极高的一个词汇，人与人、人与自然都要和谐相处。构建和谐社会，是我们每一个人的良好愿望和不懈追求。

团结友爱是指人们在意志与行动、心理与感情上亲善和谐与统一，是围绕一定目标和利益而形成的向心力与凝聚力，是一个人取得成绩、一个民族获得发展、一个国家事业取得成功的基本保证。

——高占祥《人生宝典丛书——唯义是守》

75. 人之贵，在于谦，能谦让，则安恬。

【注释】

谦：谦虚。

恬：不追求名利，淡泊，安适。

【易解】

人的宝贵之处在于谦和。高调做事，低调做人。为人处世若能多一些谦让，少一些纷争，生活就能变得更加温馨美好、安然洒脱。

> 争名争利脑昏昏，
> 为了甜头不顾身。
> 每向人间埋陷阱，
> 终须害死自家人。
>
> ——高占祥《禅外谣》

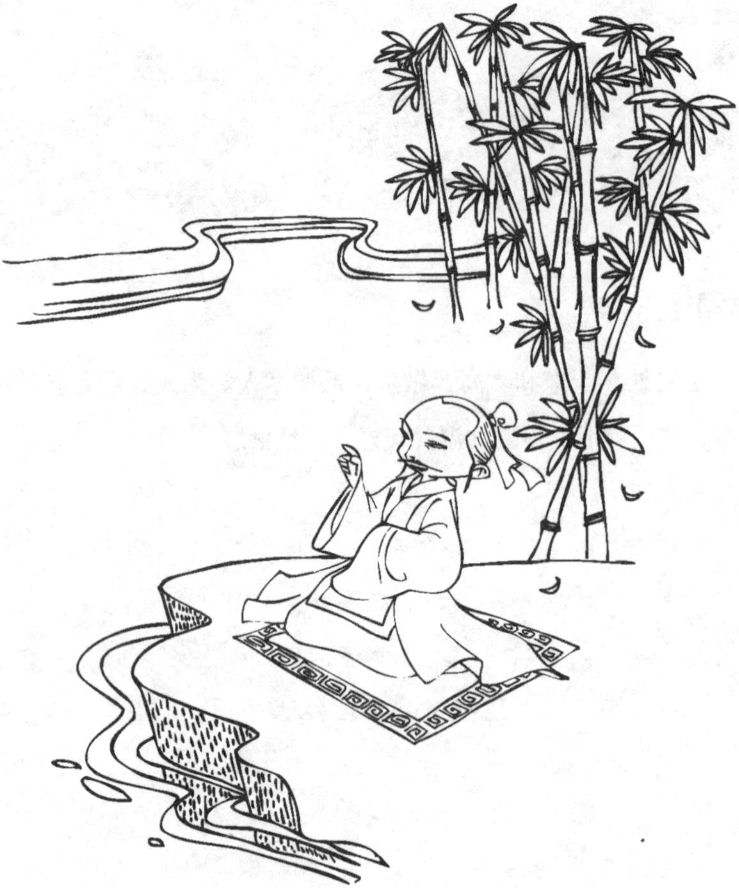

76. 见人长，思己短，己有长，休自满。

【注释】

长：特长，优点。

短：缺点，弱点。

自满：满足自己已有的成绩。

【易解】

见到别人有长处，马上要反省自己的短处，也就是说要"见贤思齐"。自己有特长、优点，绝不能自鸣得意，倨傲无礼。做弟子的要努力培养自己虚怀若谷的谦虚美德，既要为强者获胜而鼓掌，也要为矢志不渝的弱者而喝彩。这样会使得人际关系更加和谐，使学业不断进步，使事业蒸蒸日上。

所谓道德榜样，就是人们心目中理想人格的典范。他们以自己的良言、善行，把抽象的道德原则具体化，使之变成看得见、摸得着的立体形象，因而对于人们的道德认识有着深刻的教育作用和潜移默化的影响。历史上的仁人志士，其优秀品德的形成，都与道德榜样的影响密切相关。而"见贤思齐"，正是他们向道德榜样学习而奋发上进的重要途径。

——高占祥《人生宝典丛书——志当高远》

77.遇前辈，多尊重，彼有瑕，莫嘲弄。

【注释】

前辈：年长的、资历深的人。

瑕（xiá）：玉上面的斑点，比喻缺点。

【易解】

遇到老前辈，我们要多多尊敬他。即使对方有些缺点和毛病，也切莫嘲笑、戏弄他。捉弄、戏弄、嘲弄老人，是一件很缺德的事。

尊老，要注意以谦恭的态度对待老人。称呼老人要用敬语；与老人的想法不一致时要心平气和地加以解释，不要生硬地顶撞，免得招惹老人生气。

——高占祥《人生宝典丛书——微笑常存》

78. 遇幼童，不相争，彼潜力，未可衡。

【注释】

潜：隐藏。潜力：存在于内部不容易发现或发觉的力量。

衡：衡量，比较，评定。

【易解】

遇到比自己更年幼的孩童，不要硬与他争个高低。因为对方有潜在的力量，实在不可小视。

如果你年轻，可能缺少老年人的经验；如果你年老，可能缺少青年人的敏感。任何领域都有许多尚未被你了解的知识，任何人的身上都有你可以学习的地方。只要你虚心，就可以发现你要学的东西，也只有你虚心，才能学到你要学的东西。

——高占祥《人生宝典丛书——求知善读》

79. 胜我者，我心知，无长少，皆为师。

【注释】

皆：都，都是。

【易解】

"十步之内，必有芳草。""三人行，必有我师焉。"别人有胜过我的地方，我心知肚明。这种人无论年龄大小，都是我的老师。以能者为师，不耻下问，是求知治学和创业的重要途径。能做到这一点，成功已经向你招手了。

> 鹰善翱翔雀善歌，
> 互相一拜又如何？
> 圣人自古皆谦逊，
> 孔子平生师父多。
>
> ——高占祥《禅外谣》

80. 逊我者，莫相嗤，携其手，共进之。

【注释】

嗤（chī）：嗤笑，讥笑。

携手：手拉着手。

【易解】

尺有所短，寸有所长。对于在某一方面弱于我、逊于我的人，不要讥笑或瞧不起他，而要看到和学习对方的一些长处和优点。应该互相学习、帮助，共同进步。

骄傲和失败挂钩，
虚心与进步交友。
懒惰和贫困相亲，
奋斗与胜利握手。

——高占祥《人生歌谣》

81. 马擅走，鲸擅游，论攀援，不如猴。

【注释】

擅：长于，善于，在某方面有特长。

鲸：生活在海洋中的胎生哺乳动物，形状像鱼，俗称鲸鱼，体长可达三十多米，是目前世界上最大的哺乳动物。鲸的鼻孔长在头顶，用肺呼吸。

攀：抓住东西向上爬。

【易解】

骏马善于奔驰，鲸鱼长于游泳，若论攀树爬高，均不如猴。人各有所长，各有所短，应该互相学习，取长补短。

梅花和雪都有自己的独特之美，但二者相比又有各自的不足：梅花虽香，但比起雪白则逊色三分；雪虽然比梅花白，但却"输梅一段香"。每个人都有自己的长处，也有自己的短处，不应拿自己的长处去比别人的短处，而应在对比中，学习他人的长处，弥补自己的不足。

——高占祥《人生宝典丛书——求知善读》

82. 兽中王，狮与虎，若钻洞，不如鼠。

【易解】

　　雄狮与猛虎威风凛凛，号称百兽之王。若论钻洞，就不如小小的老鼠了。强者亦有不如弱者之处，弱者也有胜过强者之时。强者要自觉认识到自己不如弱者的地方。

　　我们中华民族，人才济济，英杰辈出。如今，"尊重知识，尊重人才"已成了我们的国风，尊贤爱才已成为事业兴旺的法宝。不论哪个岗位的领导者，都应该具有惜才之心、识才之眼、育才之道、用才之胆，应该具有惜才爱才的美德。

　　　　　　　　　——高占祥《人生宝典丛书——唯义是守》

83. 世间路，千万条，远则近，近则遥。

【易解】

　　这里的"路"语含双关，即所走之路和人生之路。世间的路有千万条，当你来到命运转折的十字路口，面临选择的时候，何去何从？有的路看似很远，但方向正确，沿着它走下去，便能较快地到达目的地。有的路看似很近，可如果方向没选对，误入歧途，南辕北辙，越走离目标越远，便耽误了大好时光。可见，方向比速度更重要。常言道："人生万里路，走好每一步。"尤其是在关键时刻，选择和迈出方向正确的关键一步，将会影响到自己的前途与命运。

　　读书要善于选择。每个人都要根据自己的需要去选择书目，用分析的观点吸收书中的精华，摒弃书中的糟粕。人们常说"开卷有益"，这是就一般情况而言的，其实开卷未必均有益。关键是开什么卷。择书不同，效果会截然不同。

　　　　　　　　　　——高占祥《人生宝典丛书——求知善读》

84. 世间学，千万科，少则得，多则惑。

【注释】

惑：疑惑，迷惑，混乱。

【易解】

大千世界的学问有千万科，每一门学科都需要人们付出极大的热情和努力。集中精力，有恒心、有毅力地钻研一两门技艺，容易成功。若什么都想学，势必贪多嚼不烂，神散力分，学的东西似懂非懂，必定会感到困惑。实践中人们往往感到，少学点、学精点倒记得住，而什么都学，学得不专、不精，样样都"半瓶醋"，反而容易使自己在知识的海洋里感到困惑。

多思才能有预见，
反思才能有卓见。
勤思才能有高见，
深思才能有远见。

——高占祥《人生歌谣》

85. 满招损，谦受益，此箴言，须常忆。

【注释】

箴（zhēn）：劝告，劝诫。

【易解】

一个人骄傲自满，表现欲太强，必然引起他人的不满和嫉恨，招致损害。谦虚谨慎，则能得到人们的认可和赞许，获取收益。这"满招损，谦受益"两句劝诫的话堪称金玉良言，做弟子的对这两句箴言应常常回忆，牢记心头！

虚怀若谷的本质是：不自负，不自满，不武断，不固执。看到他人的长处，虚心学习；反省自己的不足，自觉地加以克服；注意倾听别人的意见，乐于接受别人的帮助。虚怀若谷是一个人能够成才、成功的重要条件。

每个人都应努力培养自己虚怀若谷的品德。它会给人带来智慧，给人际关系带来和谐，给事业带来新的活力。中国古代大思想家老子曾说过："江海所以能为百谷王者，以其善下之"。其意是，江海所以能成为一切小河流的领袖，就是因为它善于处在一切小河流的下游。这就是江海容纳百川的"海量"。人亦应如此，有山谷那样的胸怀，有大海那样的气度，就会"有容乃大"，成为一个思想境界高尚、文化知识广博、知心朋友众多的人。

——高占祥《人生宝典丛书——求知善读》

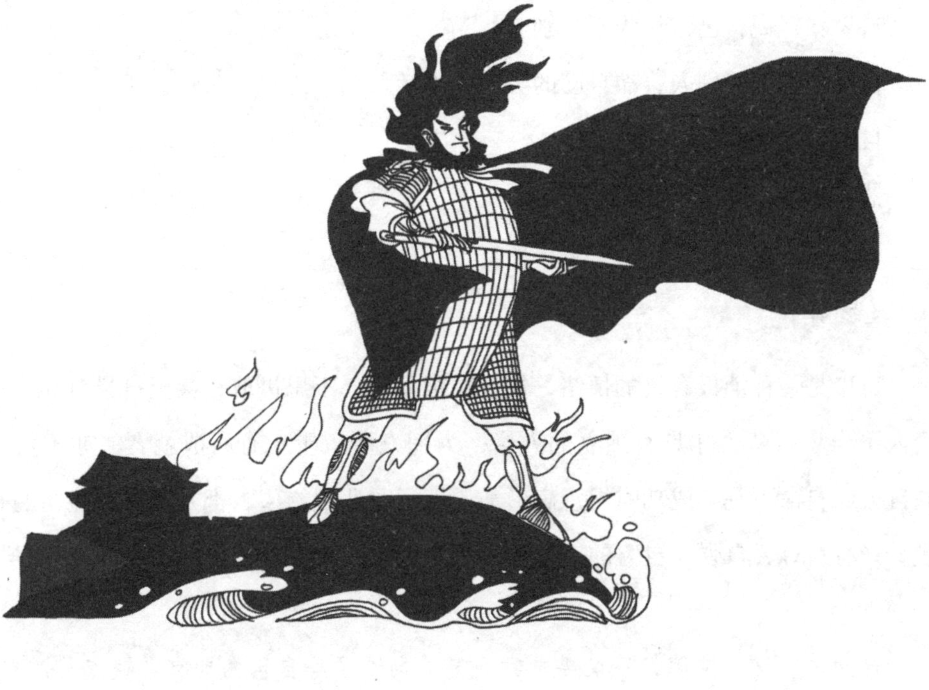

86. 不自卑，乃自立，不自负，乃成器。

【注释】

自卑：轻视自己，认为不如别人。

自立：不依赖别人，靠自己的劳动而生活。

自负：自以为了不起。

器：器具，度量，才能，人才。

【易解】

自卑是一种消极有害的情绪，使人精神委靡，不思进取，甚至自暴自弃。一个人不自卑自贱，才具有独立的人格，为别人所敬重。有所成就者，亦不可自高自大、自命不凡。成功时得意忘形与遭厄运时悲观绝望，都是浅薄和脆弱的表现。只有自尊、自强、自立的人，才能成为优秀人才。

自知之明这一美德，不仅要求我们要透彻地了解自己的弱点、缺点、污点，而且还要求我们要明晰自己的特点、优点、闪光点。自知之明的"明"，既包括对自己不足的认识，也包括对自己的本质、价值和使命的认识。一个人自高自大、自满自足、自鸣得意，当然是不好的，但一个人自卑自贱、自暴自弃、妄自菲薄，也是万万要不得的，它同样是缺乏自知之明的一种表现。

——高占祥《人生宝典丛书——求知善读》

87. 河不畅，水不清，人不学，心不明。

【易解】

　　河流不畅通，水就不会清澈。水要靠不断的流动，才不致变为一潭死水。正如宋代朱熹所说："问渠那得清如许？为有源头活水来。"与此相同的道理，人不经过学习，就心不明、眼不亮。这话应成为做弟子的警钟。

书中有古今精英，
书中有道德真经。
书中有知识喷泉，
书中有指路明灯。

——高占祥《人生歌谣》

88.学求博，更求精，习六艺，专一经。

【注释】

博：量多，丰富，通晓，宽广。

精：提炼出来的精华，完美，最好。

六艺：古代指礼（礼仪）、乐（音乐）、射（射箭）、御（驾车）、书（书法、书写）、数（计算）六种科目。

【易解】

治学固然要追求广博，更要追求精深。一个人的生命是有限的，因而要根据自己的情况去选学习的重点，努力使自己成为一个有博学知识、有专业特长的人。

书籍多如耸立的高山，知识广如浩瀚的海洋。治学立业，好比攀登崇山峻岭，横渡瀚海大洋，征途漫漫，困难重重，绝非短期之役可以毕其功，必须勤奋不懈，持之以恒。战国的荀子在《劝学》中说："锲而舍之，朽木不折；锲而不舍，金石可镂。"它向人们揭示：只有锲而不舍，长期拼博，才能攻克难关，成就事业。

——高占祥《人生宝典丛书——求知善读》

89. 文史哲，识时务，数理化，拓思路。

【注释】

文：此处为文学的简称，泛指文字、文学、文艺、文化。

史：此处为史学的简称，指以人类历史为研究对象的科学。

哲：此处为哲学的简称，指关于世界观的学说，是自然知识和社会知识的概括和总结。

时务：当前的重大事情或客观形势，时代潮流。《三国志·蜀志·诸葛亮传》裴松之注引晋习凿齿《襄阳记》："儒生俗士，识时务者，在乎俊杰。此间自有卧龙、凤雏。"

数：此处为数学的简称，指研究现实世界的空间形式和数量关系的科学，包括代数、几何、三角、微积分等。

理：此处为物理学的简称，指研究物质运动一般规律和物质基本结构的科学，包括力学、声学、热学、磁学、光学、原子物理学等。

化：此处为化学的简称，指研究物质的组成、结构、性质和变化规律的科学。

拓：开辟。

【易解】

学习文史哲知识帮助我们认识人类社会，有助于我们认清当代形势，了解事物的发展规律。学习数理化等自然科学知识，可以增强我们的逻辑思维，加深我们对客观世界的认识，有助于拓展我们的思路。新思路决定新出路，新出路使我们走向新的成功！

在我看来，学问和技能的积累，好比是一座金字塔，基础越广阔、深厚，其塔尖就越高。要想获得丰富的知识，掌握精湛的技艺，必须下大功夫、花大力气，就要像《礼记·中庸》所云："人一能之己百之；人十能之己千之。"

——高占祥《人生宝典丛书——求知善读》

90. 欲飞奔，先举步，欲知新，先温故。

【注释】

欲：希望，需要。

温：温习，复习。

故：旧的。

【易解】

千里之行，始于足下。在人生之路上，想要奔跑先要学会走步。想要学习新的知识时，先要温习已学过的知识，正如孔子在《论语·为政》中所云："温故而知新"。

> 学书如悟道，
> 辛苦任晨昏。
> 欲练楷行草，
> 应如立走奔。
> 基深楼始立，
> 根浅树难存。
> 何处窥堂奥？
> 请君先入门。

——高占祥《禅外谣》

91. 见其辞，探其妙，知其繁，识其要。

【注释】

辞：优美的语言，古体诗的一种。在很多合成词里，"辞"也作"词"。

探：试图发现（隐藏的事物或情况）。

繁：多而复杂。

要：重要，主要，紧要。

【易解】

中国古典文学博大精深，诗词歌赋精彩绝伦。见到优美动人的辞章，要探索研究其奥妙之处，深入思考其内在涵意，不要仅停留在对辞句的欣赏上。在浩渺的知识海洋中，要了解知识的多样和复杂，但在学习中，要把握主要脉络，理清逻辑框架，抓住重点，才能事半功倍。

> 花如火焰日如丹，
> 一片春风扫尽寒。
> 好景还须题好字，
> 书生得句胜当官。
>
> ——高占祥《禅外谣》

92. 书艺道，不可抛，字练好，手中宝。

【注释】

书艺：书法艺术，也有人将书法称为书道。

【易解】

书法，是中国独有的一种书写汉字的艺术，是一门很深的学问，是中国传统文化的瑰宝，我们切不可把祖先留下来的艺术丢掉。作为一个好弟子、好国民，应该继承学习和掌握书法艺术，把汉字写好。字，是人类文明的基石与载体，是一个人的文化符号。汉字隐含着中华文化的密码，镌刻着民族岁月的印痕。纵观大千世界，在流传下来的文字中，汉字兼具了实用和审美的功效。一个人从小学习书法，掌握这个"手中宝"，必将终生受益。一个国民，如果连本国的文字都写不好，那可真是羞惭难言。

墨染三池水，
笔生千瓣花。
一勤成万事，
苦练出英华。

——高占祥《禅外谣》

93. 学无穷，知无境，读万卷，理自通。

【注释】

穷：尽。

境：疆界，边界。

卷：书本。古时书籍写在帛或纸上，卷起来收藏，因此书籍的数量论卷，一部书可分成若干卷。诗圣杜甫有诗云："读书破万卷，下笔如有神。"

【易解】

学问无穷无尽，知识无边无境，就像汪洋大海。读书万卷，既可以使我们增长知识，更可以使我们懂得道理——困惑时给我们启迪，悲伤时给我们慰藉，低落时给我们力量，得意时让我们清醒。要做一个好弟子，就要多读好书，它是为人之本、立业之基、成才之道。

《礼记·中庸》提出："博学之，审问之，慎思之，明辨之，笃行之。"意思是要广泛地学习各种知识，详细地探究事物的原理，慎重地思考所学的东西，明确地辨别是非曲直，坚定地践履所学的道理。这样，学、问、思、辨、行几个步骤依次相接，表明了从学到行的发展过程，反映了人们认识事物的规律性。

——高占祥《人生宝典丛书——求知善读》

94. 阅良书，若圣水，润心田，灵魂美。

【易解】

腹有诗书气自华。好书能滋润人的心田，使人从中获取知识，拓宽视野，感受历史脉搏，体悟沧桑人生，净化灵魂，提升人的品位，甚至还能改变一个人的命运。

含真理者即经书，
去恶念时成大儒。
不许心田生莠草，
岂容足下陷泥途。

——高占祥《禅外谣》

95. 读坏书，遇魔鬼，入歧途，易自毁。

【易解】

低级庸俗的书像魔鬼一样，能把人引入歧途，毁灭其前途。千万别读坏书啊！

好书如圣水，坏书似魔鬼。
圣水洁心灵，魔鬼吸精髓。
好书是阶梯，坏书是滑梯。
阶梯登天堂，滑梯入地狱。

——高占祥《人生歌谣》

96. 上书山，勤为径，企不立，跨不行。

【注释】

上书山，勤为径：该句出自唐宋八大家之首韩愈的治学名言："书山有路勤为径，学海无涯苦作舟。"

企不立，跨不行：该句出自老子《道德经》："企者不立，跨者不行。"企：踮脚。企不立：踮脚而立的人难以久站，比喻不脚踏实地的人是立不长久的。跨：跨大步。跨不行：跨大步向前而行的人是不能持久坚持下去的，比喻急于求成的人往往事与愿违，欲速则不达。

【易解】

在学习的道路上，没有捷径可走，没有顺风船可乘。想要在广博的书山、学海中汲取更多的知识，只有"勤奋"才是达到彼岸的最佳途径。做事要有长久的耐心和执著的精神，急躁不行，浮躁也不行，只有持之以恒，才能使学业获得成功。

> 踏尽山云踏海潮，
> 怡然不觉此峰高。
> 早成文举终无用，
> 老去廉颇更自豪。

——高占祥《禅外谣》

97.潜心学,去浮躁,深思考,成功道。

【易解】

　　学习要苦心钻研,不能投机取巧。要力戒骄傲狂妄,摒除心浮气躁。当今学子中存在的浮躁、浮夸现象,是影响学业、事业成功的绊脚石,我们要搬掉它。只有心无旁骛地潜心学习,深入思考并求精求深,才能到达成功的彼岸。

　　　　　　自古圣贤多苦吟,
　　　　　　山中何必待知音。
　　　　　　喧嚣每断成功路,
　　　　　　寂寞能催奋斗心。

　　　　　　　　　　——高占祥《禅外谣》

98. 善师古，必创新，能入世，乃出群。

【注释】

师古：以古为师，以史为鉴。

入世：投身到社会中。

出：超出。群：众多的人。《孟子·公孙丑上》云："出于其类，拔乎其萃。"出类拔萃即是"出群"。

【易解】

一个善于从历史的经验教训中吸取营养，善于以古代圣贤为师的人，必然能够在继承的基础上，创造出新的事物。青少年应积极投身到社会生活中经风雨、见世面、增阅历、长才干，努力把自己培养锻炼成为出色的人才。

好奇求新不仅要有胆，还要有识。好奇求新不能有盲目性，奇的东西、新的东西，不一定都是好的东西。正如人们所说，闪光的不一定都是金子。尤其是青少年因阅历不多、知识不够，在纷繁复杂的社会现象面前，有时以怪诞为新奇，容易被那腐朽而貌似新鲜的假象所蒙惑，因此要通过加强学习，增长知识，开阔视野，提高辨别是非的能力，使自己成为腐朽事物的埋葬者和新生事物的保护者，为人类的发展、社会的进步奉献出自己毕生的精力和智慧。

——高占祥《人生宝典丛书——求知善读》

99.春之计,在耕耘,毁于惰,成于勤。

【易解】

俗话道:"一年之计在于春。"开春后,农民的头等大事便是耕耘播种。倘若撒下种子后,不浇水,不施肥,不锄草,听之任之,就难以有好的收成。如果精耕细作,到了金秋时节就会硕果累累。"精耕自有丰收日,时光不负苦心人。"做弟子的求学、办事以及工作,无异于农民的春耕夏耘,皆丰收于勤奋,而荒废于懒惰!

> 白藕沉沉历苦辛,
> 绿叶片片惜芳辰。
> 莫让年华空对月,
> 春华秋实惠黎民。

——高占祥《人生歌谣》

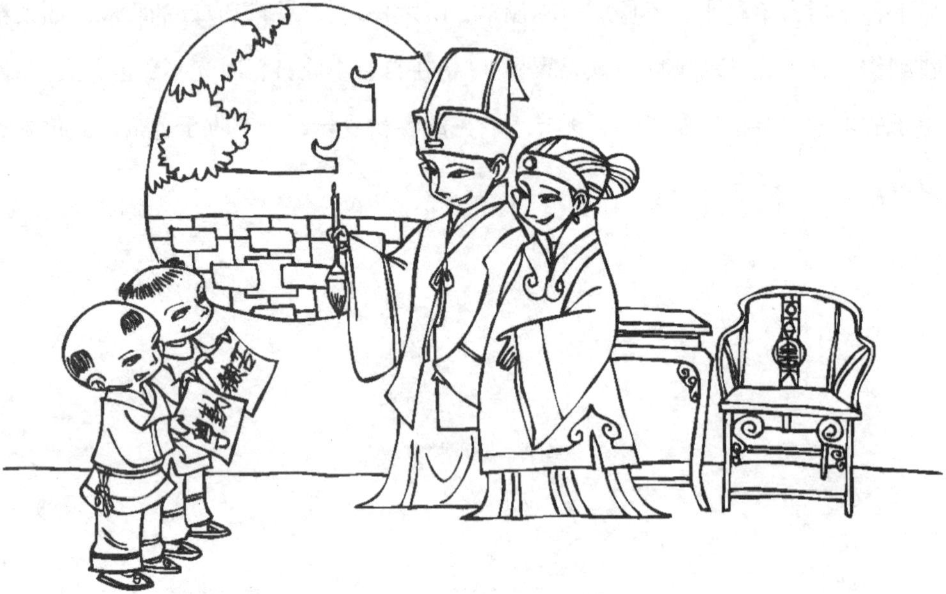

100.惰则迟，迟则昧，勤则敏，敏则慧。

【注释】

迟：慢，比规定的时间或合适的时间靠后。
昧（mèi）：糊涂，不明白，也比喻昏暗。
敏：疾速，敏捷，聪明，机警。

【易解】

现代社会高速发展，竞争激烈。时间就是效率，时间就是生命。以前是大鱼吃小鱼，现在是快鱼吃慢鱼。要做一个好弟子，应该具有紧迫感、危机感。一个懒惰成性的人，办事慢慢吞吞，提不起精神来，长期的懒散拖沓将使他变得愚昧而平庸。勤劳的人则与之相反，学习、工作、生活朝气蓬勃，比普通人的节奏快。机会往往稍纵即逝，在生活、学习和工作中发现机遇，捕捉机遇，从而夺得先机，便是人生的聪敏和智慧！勤奋，不仅要动脑、动口，还要动手。一个人的才能就像燧石，只有用勤奋去撞击，才能闪射出耀眼的火花。

科学巨匠爱因斯坦说过：勤奋，几乎是世界上一切成就的催产婆。历览古今中外，勤奋者留下了累累硕果；懒惰者得到的却是两手空空，满鬓白发。学海无涯，唯勤是岸；功多艺熟，业精于勤。今天，青少年朋友无论是在学校学习，为将来的事业打基础，还是走上工作岗位，准备一展鸿图，只要勤奋，成功的大门就会迎面敞开。

——高占祥《人生宝典丛书——求知善读》

101. 我之身，如刀口，久不磨，必生锈。

【易解】

我们的身体和思维就像刀口一样，如果很长时间不去磨砺，就会生锈，从而失去了敏锐。磨砺是痛苦的，而胜利者的旗帜都是在磨砺中升起的。

中华民族具有积极进取、奋发向上的优良传统。诸如流传千百年的"悬梁刺股"、"纪昌学射"、"闻鸡起舞"等勤学苦练的故事，都是这种优良传统的生动体现。

"书山有路勤为径，学海无涯苦作舟。"古往今来凡在事业上获得辉煌成就的人，其奋斗的历程无一不贯穿着勤学苦练这条闪光的金链。

——高占祥《人生宝典丛书——求知善读》

102.我之脑，如山道，久不通，皆荒草。

【易解】

我们的头脑就如山间小道，倘若久不通行，就会长满荒草。要做一个好弟子，就要向老师学习，向书本学习，并在实际中加以应用，从而使身上永不生锈，心头永无荒草。

学、问、思、辨、行作为重要的阶段性方法，依次相接编织成人们认识事物的网络，从而反映了人们从学到行这一认识事物的规律。

遵循学、问、思、辨、行这一认识事物的规律，人们就会不断丰富自己的学识，不断增长自己的才干，稳步走上成功之路，在社会活动和祖国建设中充分发挥自己的作用。

——高占祥《人生宝典丛书——求知善读》

103. 能徒步，莫乘车，厚勤俭，薄华奢。

【注释】

徒步：步行。
厚：优待，推崇，重视。
俭：爱惜物力，不浪费财物。
薄：看不起，轻视，慢待。
奢：花费大量钱财追求过分的享受。

【易解】

在路途不太遥远并不负重的情况下，能步行的，就不要乘车，这样做不仅可以节省物力、财力，而且有利于身体健康。好弟子应该继承和弘扬勤劳节俭的传统美德。勤以立志，俭以养志，从幼年时就要注意培养自己勤俭节约、反对浪费、鄙视豪奢的好品德。勤俭与节约，是富人的两大智慧，是穷人的两笔财富。

俭，需要从两个方面进行：一方面要从日常生活中注意培养，在衣、食、住、行上处处都要注意艰苦朴素，"俭以养志"；另一方面，更重要的是注意提高思想觉悟，树立雄心壮志，把自己的思想和精力用在事业上，"俭以养德"。

——高占祥《人生宝典丛书——修德养身》

104. 少求人，多动手，室无尘，衣无垢。

【注释】

尘：飞扬的或附在物体上的细小灰土。

垢：污秽，肮脏，脏东西。

【易解】

一个人从少年时期，就要培养少麻烦别人、自己动手的好习惯，包括在家里也要尽量减少父母负担，凡是自己能做的就自己做，如整理室内杂物、清理垃圾等。做到屋里没有尘土，院里没有堆积的脏物，自己的衣物没有污垢。劳动不仅是谋生手段，而且是一个人品德修养的自我升华。古人云："夫民劳则思，思则善心生；逸则淫，淫则忘善，忘善则恶心生。"大意是说，一个人经常劳动会促进多思考，多思考易产生善念；安逸过度便会荒淫，荒淫就会忘善，一旦忘了善良，邪恶的念头便产生了。因而要做一个好弟子，务必戒除好逸恶劳的恶习，培养热爱劳动的美德。

劳动，能陶冶人的性格，锻炼人的意志。我们说，一切劳动都与克服或大或小的困难联系在一起，一个人如果没有一定的意志品格，就不可能很好地完成劳动任务。劳动者在克服困难、出色完成任务的同时，也在潜移默化地培育着自己坚韧刻苦、奋发向上的意志品格和开拓进取的精神。因此，从一定意义上讲，劳动，即使是最平凡的劳动，也孕育着创造和成功。

——高占祥《人生宝典丛书——求知善读》

105. 汉陈蕃，不扫屋，气虽豪，终受辱。

【注释】

汉陈蕃，不扫屋：这句话出自一则历史故事。据《后汉书·陈蕃传》："蕃年十五，尝闲处一室，而庭宇芜秽。父友同郡薛勤来候之，谓蕃曰：'孺子何不洒扫以待宾客？'蕃曰：'大丈夫处世，当扫除天下，安事一室乎！'勤知其有清世志，甚奇之。"

上面这段话译成白话文，其大意是：东汉时，有个名叫陈蕃的少年，十五岁时闲住一宅，庭院因无人整理而荒芜，肮脏不堪。与陈蕃同住一郡的父亲的朋友薛勤来了，因陈父不在，薛勤便边等候边对陈蕃说："小孩子为什么不把院子打扫一下，以招待宾客？"陈蕃回答："大丈夫处世，要肃清邪恶，治理国家，怎能打扫区区一间屋子呢？"薛勤知道陈蕃有澄清天下之志，对其刮目相看。

然而，宋代诗人杨万里对陈蕃的"扫天下"却不以为然。他写了一首《读陈蕃传》，对陈蕃提出批评。诗云："仲举高谈亦壮哉，白头狼狈只堪哀。枉教一室尘如积，天下何曾扫得来？"他认为，陈蕃仅仅高谈"扫天下"是毫无用处的，因为他连自己家中堆积的灰尘和垃圾都打扫不了，又怎能去扫除天下的灰尘呢？因此，只能落得个"白头狼狈"的可悲下场。

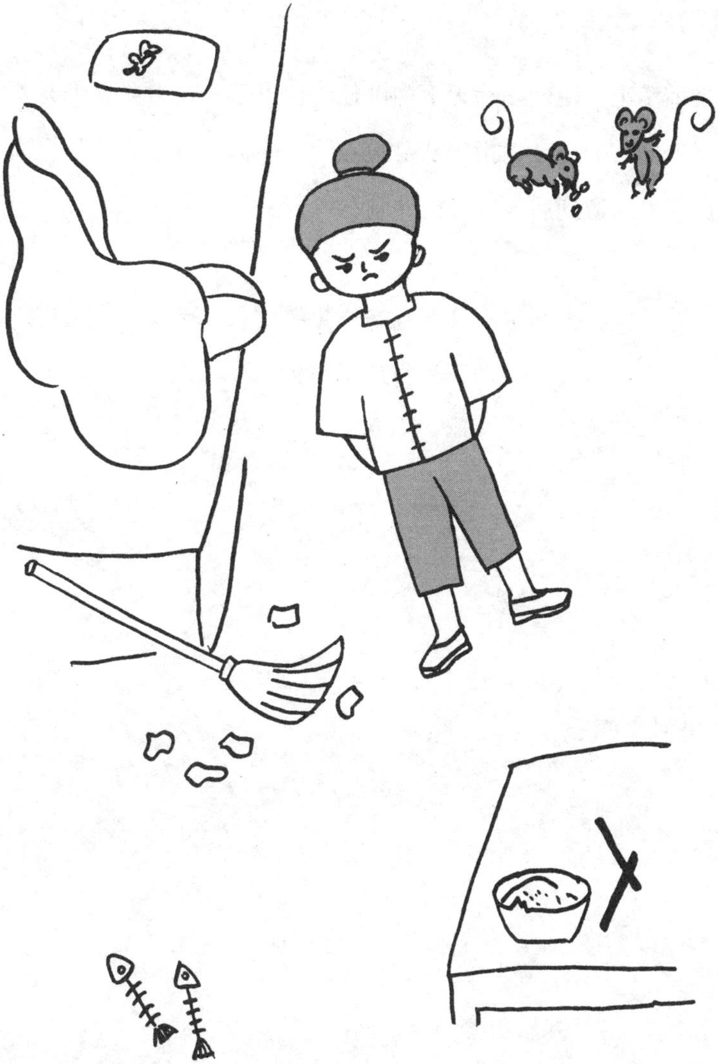

【易解】

　　陈蕃小小年纪，便以扫除天下为己任。他虽然豪情万丈，但并不懂"不积跬步，无以至千里"的道理，拒绝从身边点滴小事做起，给人一种坐而论道、夸夸其谈的不良印象，遭到后人辛辣的讽刺和挖苦。

　　劳动，对于提高人的道德修养也起着重要作用。劳动使人懂得一粥一饭、一针一线来之不易，从而自觉珍惜劳动成果；劳动可以促进人们的团结协作，增强人们的集体和纪律观念；劳动能让人以创造奉献的态度对待人生，不断追求远大的理想。

——高占祥《人生宝典丛书——求知善读》

106. 晋陶侃，闲运砖，遂有力，破重关。

【注释】

晋陶侃，闲运砖：这句话出自一则历史故事。《晋书·陶侃传》记载："侃在州无事，辄朝运百甓于斋外，暮运于斋内。人问其故，答曰：'吾方致力中原，过尔优逸，恐不堪事。'"甓，砖也。译成白话文，其大意是：东晋名将陶侃任广州刺史、平越中郎将时，每天早晨搬一百块砖到屋外，傍晚再搬进屋内。人们问其缘故，他回答说："我致力于恢复中原，过分悠闲安逸，恐怕不能胜任啊！"

东晋时，权臣干政，兵戈四起，皇帝无力揽权。陶侃奉旨讨伐叛兵，往往兵不血刃，擒贼破敌，是百胜将军，为世所重。宰相谢安尊称其为"陶公"，有人评论陶侃曰："陶公机神明鉴似魏武，忠顺勤劳似孔明，陆抗诸人不能及也。"魏武即魏武帝曹操，孔明即蜀汉丞相诸葛亮，以此二人作比，可见对其评价之高。

【易解】

如今的学生，应该德、智、体、美、劳全面发展，忽视劳动教育和劳动锻炼，已成为一个影响人才成长、影响社会风气的社会性问题。有理想的"少年郎"，要做未来的强者，就要在劳动中培养品德，增长才干，向陶侃学习，闲暇时适当做一些体力劳动，把身体练得棒棒的。当你要建功立业时，劳动之技能、健壮之体魄、充沛之精力，将助你成功！

人类通过劳动,创造了灿烂的古代文明和现代文明。劳动使大地变成了良田,劳动产生了优美动人的音乐、舞蹈、诗歌、戏剧,劳动产生了巧夺天工、精美绝伦的艺术瑰宝……劳动,是人类幸福的源泉;劳动,是伟大、光荣和豪迈的事业!我们每一个人都应该热爱劳动,积极参加劳动。

——高占祥《人生宝典丛书——求知善读》

107. 要成才，靠苦攻，小懒虫，难成龙。

【注释】

龙：中国广大民众喜爱的图腾。古人以"人中龙"赞美出类拔萃的人物。

【易解】

懒人是成不了好弟子的。要想成为一个有作为的人，就要从学生时代刻苦攻读，刻苦磨炼。只有付出超人的努力，才能取得超人的成绩。一个从小就不爱学习和劳动的懒童，是难以成为栋梁之材的。

> 不做温室柳，
> 勇做弄潮儿。
> 丈夫成功日，
> 劈波斩浪时。
>
> ——高占祥《人生歌谣》

108. 今日事，今日了，欲成功，须趁早。

【注释】

了：完毕，结束。

【易解】

当今社会流传着这样一句话："不能让孩子输在起跑线上。"也有人反驳说："人生是一场马拉松赛跑，需要耐力、韧性和坚忍不拔的意志，不是百米短距离冲刺，起跑并不是关键。"其实这两种说法都没错，一个人从幼童到青年时期是打基础的时期，应该珍惜时光，珍惜人生的价值。"少壮不努力，老大徒伤悲。"晋代贤臣陶侃常对人说："大禹圣者，乃惜寸阴，至于众人，当惜分阴。"

一个好弟子应该做到今天的功课和今天的事，必须在今天完成。不要把今天应做而又能做的事拖到明天去做。

"明日复明日，明日何其多？我生待明日，万事成蹉跎！"

明代文嘉的这首《明日歌》应该成为我们的座右铭。今日事，今日毕，明天还有别的事情和任务。要做成功者，必须趁早努力。

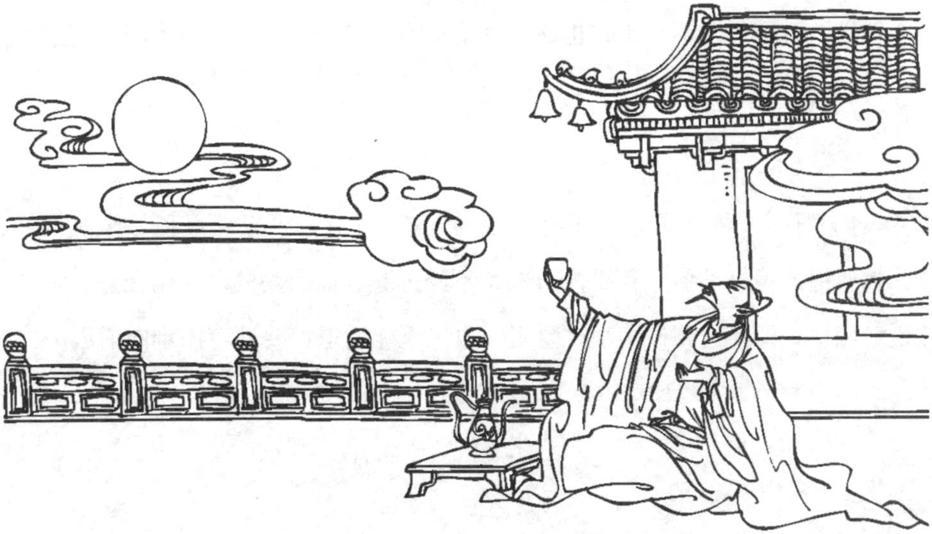

109. 明日事，今日备，见崎岖，不后退。

【注释】

明日：既指明天，也指未来。

崎岖：形容道路不平坦，也比喻处境艰难。

【易解】

人们常说："机遇只垂青于有准备的人。"一个人要想学习和工作获得好成绩，就要提前做好准备。几乎没有人是不经过磨难而成功的。风雨征途，常与泥泞坎坷相伴。即使遇到许多艰难险阻，也绝不能后退，要迎着困难向前迈进！

> 九霄之外觅春光，
> 残月朦胧罩雪霜。
> 莫道山行多坎坷，
> 登峰乃见日辉煌。
>
> ——高占祥《禅外谣》

110. 家国事，在心头，丰羽日，任遨游。

【注释】

丰羽：羽翼丰满。比喻力量已经积蓄充足。

遨（áo）：漫游，游历。

【易解】

始建于宋徽宗时期的无锡东林书院，悬挂着一副明代东林党领袖顾宪成所撰的著名对联："风声雨声读书声，声声入耳；家事国事天下事，事事关心。"

家庭是社会的细胞，祖国是我们赖以生存的家园。有国才有家。中国人自古就有家国同构的传统观念，因而具有强大的民族凝聚力、向心力。祖国强盛，就能保护她的人民安居乐业。祖国衰弱，就难以抵挡强敌的入侵，以致烽火遍地，生灵涂炭。

作为祖先的子孙，我们要像东林书院对联上所说的"家事国事天下事，事事关心"，时刻把祖国放在心目中最神圣、最崇高的位置上。当我们通过勤学苦练，发愤图强，已经做好各种充分的准备后，就可以为中华民族的伟大复兴，为人类共生的道德文明施展自己的抱负。到那时，海阔凭鱼跃，天高任鸟飞，鹏程万里任遨游。

111. 弟子规，德为基，善必从，恶必疾。

【注释】

德：道德，品行。

基：根基，基础。

善：善良，慈善（与"恶"相对）。

恶：坏人坏事。

疾：憎恨。

【易解】

《新弟子规》以修身为主线，以道德为基石。1 392字的《新弟子规》以一个"德"字来统领全文，渗透着人类共生的道德力。一个好弟子，要把"从善如流，嫉恶如仇"当作自己为人处世的标杆。

> 修身是成仁之道，
> 立身是事业之基，
> 守身是防腐之宝，
> 献身是人品之极。
>
> ——高占祥《人生歌谣》

112. 依于仁，守于义，践于行，崇于立。

【注释】

仁：指"仁爱"，关爱他人，为民造福，即是大爱。

义：正义，道义，合乎正义或公益的言行。

【易解】

弟子之道，依据于"仁"，坚守于"义"，这便是《新弟子规》体现的重要思想。不能光说不练，要知行合一。好儿女，有志气，不靠天，不靠地，要自强，要自立。

在社会交往中，无论什么时候，我们都要坚持以义相亲，不要见利忘义，更不要背信弃义。以义相亲，才能处理好人际关系，进而利己、利人、利国家。以义相亲是人生旅途上的一条光明大道，让我们沿着这条光明大道，阔步迈进，永远向前吧！

——高占祥《人生宝典丛书——唯义是守》

113. 视他人，如己身，己不欲，勿施人。

【注释】

视他人，如己身：把别人当成自己，是宽容。具有这种换位思考品质的人，就能体谅他人。

己不欲，勿施人：自己所不愿意的事，不要施加到别人身上。语出《论语·颜渊》："己所不欲，勿施于人。"

【易解】

对待他人应当如同对待自己一样。自己不愿意做的事，就不要强加给别人。

和气需要爱心。爱心包括真诚之心、恻隐之心等。社会有着繁复的构成，社会行为更是百种千样。一个心地善良的人，言行举止镇定安详，心胸中包蕴着祥和之气。《诗经》云："蔼蔼王多吉人"。言为心声，善良的人容易为他人着想，容易体谅别人，特别希望由于自己的存在而使他人更愉快幸福。于是他们有名声而不自满，有功劳而不骄矜，奉献于人而不以此自居。

——高占祥《人生宝典丛书——唯义是守》

114. 视己身，如他人，忘小我，识大伦。

【注释】

视己身，如他人：把自己当成别人，是豁达。

伦：人伦，伦理，人与人之间的关系。

【易解】

一个人要忘掉小我，不图一己之私利。应该识大体、顾大局，努力做一个具有整体观、全局观的开明者。

要跳出自我需要冲破两条封锁线。一条是要冲破自我私欲的封锁线。私心杂念是跳出自我的最大障碍，利己之心是跳出自我最坏的顾问。只有具备"林园手种惟吾事，桃李成荫归别人"的品格，才能海阔凭鱼跃，天高任鸟飞。二是要冲破过于拘谨的束缚这条封锁线。一个人谨言慎行是对的，但是过于拘谨，思想不解放，那就犹如把自己锁在"牢笼"里，难以跳出自我。正如法国哲学家卢梭所说："一个人不必要的谨慎把他紧紧地束缚在'自我'的范围内，要越过这个范围，是必须要有巨大的勇气的。"让我们跳出自我的小天地，在辽阔的空间里工作得更遂心、生活得更潇洒吧！

——高占祥《人生宝典丛书——唯义是守》

115. 视己身，唯己身，能自律，乃自尊。

【注释】

视己身，唯己身：把自己当成自己，是彻悟。

自律：指一个人能够自觉地约束自己，使自己的言行能符合道德规范的基本要求。

自尊：指做人要自己尊重自己，洁身自好，自觉维护自己的尊严。

【易解】

历史和现实都告诉我们：只有能自律的人才能做到自尊。

> 微笑融冰雪，
> 送炭进柴门。
> 甘当孺子牛，
> 默默苦耕耘。
> 心清如明月，
> 高洁似白云。
> 胸怀真善美，
> 两袖不染尘。

——高占祥《人生歌谣》

勿践阈　勿跛倚　勿箕踞　勿摇髀

　　易解：进门时不要踩到门槛，站立时要避免身子歪曲斜倚，坐着时不要双脚大开如簸箕，或者像虎踞的样子，也不要抖脚或摇臀，姿态要优雅怡人。

缓揭帘　勿有声　宽转弯　勿触棱

　　易解：进门的时候慢慢地揭开帘子，尽量不发出声响，走路转弯时与有棱角的物品距离远一点，保持较宽的距离，才不会碰到棱角伤了身体。

执虚器　如执盈　入虚室　如有人

　　易解：拿空的器具要像拿盛满的器具一样小心。进到没人的屋子里，要像进到有人的屋子里一样。

事勿忙　忙多错　勿畏难　勿轻略

　　易解：做事不要匆匆忙忙，匆忙就容易出错。遇到该办的事情不要因怕困难而犹豫退缩，也不要轻率随便而敷衍了事。

斗闹场　绝勿近　邪僻事　绝勿问

　　易解：容易发生打斗的场所，我们不要靠近逗留；对于邪恶怪僻的事情，不必好奇地去追问。

将入门　问孰存　将上堂　声必扬

　　易解：将要入门之前先问一下："有人在吗？"将要走进厅堂时，放大音量让厅堂里的人知道。

人问谁　对以名　吾与我　不分明

　　易解：假使有人问："你是谁？"回答时要说出自己的名字，如果只说"吾"或是"我"，对方会不清楚到底是谁。

用人物　须明求　倘不问　即为偷

　　易解：我们要使用别人的物品，必须事前对人讲清楚，如果没有得到允许就拿来用，那就相当于偷窃的行为。

借人物　及时还　后有急　借不难

　　易解：借用他人的物品，用完了要立刻归还，以后遇到急用再向人借时，就不会有太多的困难。

凡出言　信为先　诈与妄　奚可焉

　　易解：凡是开口说话，首先要讲究信用，欺诈不实的言语，在社会上难道可以行得通吗？

话说多　不如少　惟其是　勿佞巧

　　易解：话说得多不如说得少，凡事实实在在，不要讲些不合实际的花言巧语。

奸巧语　秽污词　市井气　切戒之

　　易解：奸邪巧辩的言语、肮脏不雅的词句及街头无赖粗俗的口气，都要切实戒除掉。

见未真　勿轻言　知未的　勿轻传

易解：还未看到事情的真相，不要轻易发表意见；对于事情了解得不够清楚，不要轻易传播出去。

事非宜　勿轻诺　苟轻诺　进退错

易解：如果觉得事情不恰当，不要轻易答应，轻易答应就会使自己进退两难。

凡道字　重且舒　勿急疾　勿模糊

易解：谈吐说话要稳重而且舒畅，不要说得太快太急，或者说得字句模糊不清，让人听得不清楚或错误领会你的意图。

彼说长　此说短　不关己　莫闲管

易解：遇到有人谈论别人的是非好坏时，不要介入，事不关己勿管闲事。

见人善　即思齐　纵去远　以渐跻

易解：看见他人的优点和善行，心中就升起向他看齐的好念头，虽然目前还差得很远，只要肯努力就能渐渐赶上。不论大善或小善，都要有见贤思齐的信心和身体力行的勇气，小善切戒轻忽不做，而行大善的机会来了，也要及时把握，尽心尽力为之。

见人恶　即内省　有则改　无加警

易解：看见他人犯错误的时候，要反躬自省，如果也犯同样的过错，就立刻改掉，如果没有，就要更加警觉不犯同样的过错。

唯德学　唯才艺　不如人　当自砺

　　易解：当道德学问和才艺不如他人时，应该自我督促努力赶上。

若衣服　若饮食　不如人　勿生戚

　　易解：穿的衣服和吃的饮食不如他人时，不要放在心上，更不必忧愁自卑。

闻过怒　闻誉乐　损友来　益友却

　　易解：如果听见别人说我的过错就生气，听见称赞就高兴，那么，不好的朋友就会越来越多，真正的良朋益友就不敢和我们在一起。

闻誉恐　闻过欣　直谅士　渐相亲

　　易解：反之，如果听到别人的称赞，不但没有得意忘形，反而会自省，唯恐做得不够好，继续努力；听到别人批评我的过错时，不但不生气，还能欢喜接受，那么，正直诚实的人就越来越喜欢和我们亲近。

无心非　名为错　有心非　名为恶

　　易解：不是有心故意做错的，称为过错；若是明知故犯的，便是罪恶。

过能改　归于无　倘掩饰　增一辜

　　易解：不小心犯了过错，能勇于改正，错误就会越来越少，渐渐归于无过。如果故意掩盖过错，那就反而又增加一项掩饰的罪过了。

凡是人　皆须爱　天同覆　地同载

　　易解：对待所有人，我们都应一视同仁关怀爱护，因为我们都是生存在同一个地球、同一个天地之间，应该要休戚与共。

行高者　名自高　人所重　非貌高

　　易解：品行高尚的人，名声自然崇高，人们所敬重的是德行，并不是他的外貌是否出众。

才大者　望自大　人所服　非言大

　　易解：才能大的人声望自然大，人们所信服的是真才实学，并不是只会凭空发表言论的人。

己有能　勿自私　人所能　勿轻訾

　　易解：自己有能力做的事情，不要自私保守；看到别人有才华，应该多加赞美肯定，不要因为嫉妒而贬低别人。

勿谄富　勿骄贫　勿厌故　勿喜新

　　易解：对富有的人不要谄媚求荣，也不要在穷人面前骄傲自大；不要厌恶、嫌弃故旧老友，也不要盲目喜爱新人或新朋友。

人不闲　勿事搅　人不安　勿话扰

　　易解：他人有事，忙得没有空暇时，就不要找事搅乱他；对方身心很不安定，我们就不要再用闲言碎语干扰他。

人有短　切莫揭　人有私　切莫说

易解：别人的短处绝对不要揭露出来，对于别人的隐私，我们也不要向外张扬。

道人善　即是善　人知之　愈思勉

易解：赞美别人的善行，就等于是自己行善，因为对方知道了，就会更加努力行善。

扬人恶　即是恶　疾之甚　祸且作

易解：宣扬别人的过错，就等于自己作恶，过分的仇恨和憎恶会招来灾祸。

善相劝　德皆建　过不规　道两亏

易解：朋友之间应该互相规过劝善，共同建立良好的道德修养。有了过错而不相互规劝，双方都会在品行上留下缺陷。

凡取与　贵分晓　与宜多　取宜少

易解：和人有财物上的往来，应当分辨清楚，不可含糊。将财物赠与他人时，应该慷慨，取用别人的财物时，则应少取一些。

将加人　先问己　己不欲　即速已

易解：有事要托人做或有话要和人说，先问一问自己是不是喜欢，如果自己不喜欢，就应立刻停止。

恩欲报　怨欲忘　报怨短　报恩长

易解：他人对我有恩惠，应时时想着回报他；他人做了对不起我的事，应该及早忘掉怨恨。报怨之心停留的时间越短越好，但是报答恩情的心意却要长存不忘。

待婢仆　身贵端　虽贵端　慈而宽

易解：对待家中的奴婢和仆人，自身行为要注意端正庄重，不可轻浮随便，若能进一步做到仁慈、宽厚，那就更完美了。

势服人　心不然　理服人　方无言

易解：权势可以使人服从，对方虽然表面上不敢反抗，心中却不以为然。唯有以道理感化对方，才能让人心悦诚服而没有怨言。

同是人　类不齐　流俗众　仁者希

易解：同样都是人，品行高低、善恶邪正却是良莠不齐。就一般情况而言，跟着潮流走的凡夫俗子占了大部分，而有仁德的人却显得稀少。

果仁者　人多畏　言不讳　色不媚

易解：对于一位真正的仁者，大家自然敬畏他。仁者说话不会故意隐讳、扭曲事实，也不会故意向人谄媚求好，表现出奴颜媚骨。

能亲仁　无限好　德日进　过日少

易解：能够亲近仁者，向他学习，就会得到无限的好处，自己的品德自然会进步，过错也会跟着减少。

不亲仁　无限害　小人进　百事坏

　　易解：如果不肯亲近仁者，无形中就会产生许多害处，小人会乘虚而入，围绕身旁，很多事情就会弄得一败涂地。

不力行　但学文　长浮华　成何人

　　易解：对于孝、弟、谨、信、泛爱众、亲仁这些应该努力实行的道德规约，却不肯力行，只在学问上研究探索，这样最容易养成虚幻浮华的习性，怎能成为一个真正有用的人呢？

但力行　不学文　任己见　昧理真

　　易解：如果只重视力行道德规约，对于学问却不肯研究，就容易执著于自己的偏见，而无法契入真理，这也不是我们所应有的态度。

读书法　有三到　心眼口　信皆要

　　易解：读书的方法要注重"三到"，就是心到、眼到、口到。这"三到"都要实实在在地做到。

方读此　勿慕彼　此未终　彼勿起

　　易解：读书时要专一，不能这本书才开始读没多久，又欣羡另一本书，要把一本书读好了再去读下一本。

宽为限　紧用功　工夫到　滞塞通

　　易解：读书时要有计划，读一本书或修习一门功课，要有比较宽裕的期限，但是不能因为时间富余，就等期限快到了才开始读，一急之下反而耽误事情，所以，一规划好就要赶紧用功。遇到滞塞难懂的地方，更要专心研究，只要功夫到了，自然就能通达明了，这正是所谓"书读千遍，其义自见"。

心有疑　随札记　就人问　求确义

　　易解：有疑问的地方，经反复思考还不能了解的话，就用笔把问题记下来，向有关的师长请教，一定要得到正确的答案才可放过。

房室清　墙壁净　几案洁　笔砚正

　　易解：书房要布置得简洁，四周墙壁保持干净，书桌整洁，所用的笔和砚台要摆放端正。

墨磨偏　心不端　字不敬　心先病

　　易解：如果态度不端正，墨条就容易磨偏；如果内心有杂念，字就不容易写工整。学习要专心致志。

列典籍　有定处　读看毕　还原处

　　易解：图书要安放在固定的地方，读完以后立刻归于原处。

虽有急　卷束齐　有缺坏　就补之

　　易解：即使发生紧急的事，也要把书本收拾整齐以后才能离开。遇到书本有残缺损坏时，应立刻修补好，保持完整。你爱书，书爱你，自有恭敬和回报之情在其中，一分恭敬就有一分收获，十分恭敬就有十分收获。

非圣书　屏勿视　蔽聪明　坏心志

易解：如果不是传输圣贤道理的书籍，一概摒除一旁，不要理会。这是因为，这种书里面不正当的内容会蒙蔽我们的聪明智慧，会歪曲我们纯正的志向。

勿自暴　勿自弃　圣与贤　可驯致

易解：不要自甘堕落，放弃自己的追求，圣贤的境界虽高，但只要按部就班，精进不懈，一定可以达到。

当人处在年幼之时，若采用正当的教材，结合现实生活中的人和事来学习，就能造就圣贤。《弟子规》所讲的道理，正是圣人的训诲，从入则孝、出则弟、谨而信、泛爱众、亲仁及余力学文着手，从日常生活中的伦常做起，经家庭扩大到学校、社会，便能培养出高尚的人格和情操。所以，我们应该认真地反复诵读，深入内心，将其当成个人反省的镜子乃至行为的指针。

后记

　　清康熙年间李毓秀所著《弟子规》，是一本很有影响力的启蒙读物。我幼时通本背诵，其中一些名言佳句，成了我一生为人处世的歌诀。

　　在学国学的热潮中，有人竭力倡导学背《弟子规》，说这是教育青少年如何做个好弟子最经典的教材；有人则持相反态度，认为随着时代变迁，《弟子规》中的一些提法已经过时，有些理念已经陈旧，不宜让今天的弟子再去学习遵守过去的规矩。各有其理，各持己见。

　　正在争论之际，一位朋友对我说："你写的《新三字经》出版后很受欢迎，再写一本《新弟子规》吧。"我说："此事也有人向我提过，我也考虑过，写《新弟子规》有两大难点：其一，旧的规矩破了，新的规矩尚未形成，不知应该写什么；其二，我想到的一些做弟子的规矩已经写到《新三字经》中去了，写作绝不能自己重复自己。再说，原来《弟子规》的写作水平很高，我再努力写作也难以达到那种高度。"我推辞之后，这位朋友又讲了一句话，打动了我的心。他说："如果大家都学国学而不去创造新国学，那复兴不就成了复古了吗？"我说："你讲得有道理,那我就试试看吧。"于是便开始了创作《新弟子规》的思考与准备。

首先,我进行了社会调查与访问。围绕"新时期弟子应有什么样的规矩"这一主题,通过多种形式与上百名教师、家长、干部、青年、学生进行了沟通与讨论,众说纷纭,但不乏真知灼见。我从中采纳了一些有益的建议。

其次,我翻阅和重温了史上许多启蒙读物,边学边做笔记,从中汲取了许多营养。

根据文友们的意见和自己的思考,《新弟子规》主要写了"孝、礼、诚、谨、宽、谦、学、勤"八部分,在写作过程中,注意了五个结合:

一、把传统美德与时代精神结合起来,用新思维来写《新弟子规》。即用现代元素升华传统文化,用时代精神弘扬道德伦理文化。过去讲孝文化时常常强调的是"孝顺"二字,而《新弟子规》强调的是"孝敬",一字之改充分体现了新的孝道观。孝与敬是永恒的,因而提出了"孝与敬,子道根,好传统,因果循"的理念。

二、把中国教育弟子的良训与外国教育弟子的良训结合起来,用新的价值观来写《新弟子规》。孔子的"己所不欲,勿施于人"的金言,已成了许多国家培育人才的良训。美国的《哈佛家训》

中，老爷爷告诉孩子们，要有意义地度过人的一生，就要记住四句话——把自己当别人，把别人当自己，把自己当自己，把别人当别人。这四句耐人寻味的话，似乎与孔子的金言很相近，于是我用新的价值观念将二者结合起来，加以融会贯通，放在了《新弟子规》篇末的总结中，使它成为一本具有一定普世价值的《新弟子规》。

三、把"可读性"与"可行性"结合起来，用"崇于立"的新要求写《新弟子规》。行文尽量减少口号式的语言，采取诗歌中常用的赋、比、兴的修辞手段，使其合辙押韵，易读上口。作为弟子的规矩，必须有实实在在的具体内容与简要可行的操作性，否则文章再美亦无济于事。因而我努力把它写成一本利读、利记、利言、利行的《新弟子规》。

四、把"守规矩"与"扬个性"结合起来，用新的视角来写《新弟子规》。虽说"弟子规"主要是写做弟子的规矩，但不能用"规矩"这条绳子把青少年"捆绑"起来，否则不利于培育创造型的人才。这就要用辩证的观点来写《新弟子规》。在讲"规矩"的同时，一定要注意尊重弟子的个性，并要帮助他们解放、发展和完善自己的个性，使青少年成为"扬个性，不逾矩，遵礼仪，不拘泥"的生龙活虎的美少年。

五、把"孝为先"与"德为基"结合起来，用一个"德"字来统领《新弟子规》的全篇。《新弟子规》全文 1 392 字。在文中，首先强调的是"百善孝为先"，但贯穿通篇的却是一个"德"字。故在总结部分中说："弟子规，德为基"，并应做到"践于行，崇于立"。一个弟子要把道德理念转为道德行为，即把道德理念转化为道德力，才能成为一个言行一致的好弟子。

在写作过程中，许多文友、老师和编辑给予我很多指点与帮助，在此对他们表示深深的谢意。本书虽然先后修改三十余次，但仍感力不从心，如能起到抛砖引玉之作用我即足矣。不妥之处请专家、学者、老师、家长及青少年朋友们批评指正。

高占祥